微课版　医学类

中等职业教育精品教材

信息技术基础

主　编　张晓燕　杨　谦　刘　祎

副主编　沈济人　李志栋　张　丽　罗成彬　王飞霞　冉莉莉

参　编　张雄武　施玉红　杨海东　窦世渊　何晓彬　彭红瑞　成新贵
　　　　郭天飞　严丽娟　陈　刚　牛　斐　马桂德　赵会芹

XINXI JISHU JICHU

中国人民大学出版社
·北京·

图书在版编目（CIP）数据

信息技术基础 / 张晓燕，杨谦，刘祎主编. -- 北京：
中国人民大学出版社，2021.8
中等职业教育精品教材
ISBN 978-7-300-29676-0

Ⅰ. ①信… Ⅱ. ①张… ②杨… ③刘… Ⅲ. ①电子计
算机－中等专业学校－教材 Ⅳ. ① TP3

中国版本图书馆 CIP 数据核字（2021）第 146505 号

中等职业教育精品教材
信息技术基础
主 编 张晓燕 杨 谦 刘 祎
副主编 沈济人 李志栋 张 丽 罗成彬 王飞霞 冉莉莉
参 编 张雄武 施玉红 杨海东 窦世渊 何晓彬 彭红瑞 成新贵
　　　 郭天飞 严丽娟 陈 刚 牛 斐 马桂德 赵会芹
Xinxi Jishu Jichu

出版发行	中国人民大学出版社			
社　　址	北京中关村大街 31 号		**邮政编码**	100080
电　　话	010 - 62511242（总编室）		010 - 62511770（质管部）	
	010 - 82501766（邮购部）		010 - 62514148（门市部）	
	010 - 62515195（发行公司）		010 - 62515275（盗版举报）	
网　　址	http://www.crup.com.cn			
经　　销	新华书店			
印　　刷	天津中印联印务有限公司			
规　　格	185 mm × 260 mm　16 开本		**版　　次**	2021 年 8 月第 1 版
印　　张	17.75		**印　　次**	2021 年 8 月第 1 次印刷
字　　数	425 000		**定　　价**	49.00 元

P R E F A C E 前言

　　近年来我校加强专业建设，在专业实训中心建设方面进行了大量投入，使专业实训中心建设有了质的飞跃，先后建立了影像、助产、护理、中药、药剂、检验、口腔、中医康复实训中心以及公共基础实验中心。可见，这些信息技术资源硬件要从实，为此，软件也要从严，医学信息技术教学也要进行改革。目的在于突出以就业为导向，以能力为本位，以服务为宗旨，关注学生的全面发展，提高学生的学习成效，激发学生的学习兴趣，提升学生的综合职业能力，为学生今后的发展打下牢固的基础，实现职业教育的目标。同时，促进我校内涵的发展及教师的成长，把我校信息技术资源进行开发研究与应用，彰显具有特色专业的计算机课程。

　　近年来，我国医药卫生行业信息化建设有了长足的发展，这就要求各个层次的医药卫生技术人员系统规范地掌握医学信息技术的应用，提高信息技术能力。目前，虽然中等卫生职业学校都开设信息技术基础课程，但主要以计算机基础知识、Office基本操作等为主要内容，其目的是使学生掌握计算机的基本知识和操作技能，但没有融入医药卫生行业信息化建设的内容，致使中等卫生职业学校毕业生的信息技术能力不能满足医药卫生行业相应岗位的工作要求。

　　根据教育信息化"十三五"规划，我们组织医药卫生信息行业的技术人员和教学经验丰富的教师，对我校的校本教材《医学计算机应用技术》进行了全面修订，形成了新的校本教材。本教材以应用为基础，突出医药信息特色，使校本教材建设与医药卫生行业信息化建设相适应；坚持"以职业能力为核心，以就业为导向"的原则，采用案例教学，提高学生工作岗位的适应能力和实际操作能力。本书结合医学专业、医药学科未来的应用方向，使学生适应未来各自专业工作中对计算机技术、网络技术、信息技术、多媒体技术和本专业数字化技术的需求，从教、学、用三方面培养适合卫生行业信息技术需求的合格人才。

　　本书采用模块化项目教学方式编写。全书共分为4个模块，每个模块又分几个任务，每个任务下又有知识节点。内容包括计算机基础知识、计算机与操作系统、计算机网络应用、Office 办公软件的使用（中文 Word 2016 应用、中文 Excel 2016 应用、中文 PowerPoint 2016 应用）、医院信息系统和人机对话概述等。

本书在编写过程中突出以下三个特点：

一是以案例教学为主线，教材内容既有计算机通识教学案例，又有医药行业的案例，同时兼顾全国医疗卫生信息化考试的需求。

二是遵循"三结合"原则，即教材编写与职业教育紧密结合、与医学教育紧密结合、与医疗卫生信息培训紧密结合。

三是以应用为主，使学生掌握一定的计算机知识，培养实际使用计算机的能力，特别是解决医药卫生岗位实际问题的能力。

本书适合卫生类中职学校护理、助产、检验、药剂、口腔、康复、中药等专业作为计算机应用基础课程教材使用，也可用于医药卫生类成人继续教育相关课程和基层医药卫生工作者（如乡村医生）以及计算机技术的培训教材。

本教材在编写过程中参考了相关教材和著作，从中借鉴了许多先进的知识和技术，在此向有关的作者和出版社一并致谢。同时，教材编写也得到了学校领导的大力支持，在此表示诚挚的感谢。

为了体现中等职业教育教材的特色，我们在教材结构上做了改革和尝试。但由于编者水平有限，编写时间仓促，难免有错漏之处，敬请各位专家、同行及使用者予以批评指正。

C O N T E N T S **目录**

模块 3　医学信息化

模块 4　医学认证考试

导　言

一、信息技术基础概述

信息是指音讯、消息、通信系统传输和处理的对象，泛指人类社会传播的一切内容。人通过获得、识别自然界和社会的不同信息来区别不同事物，得以认识和改造世界。在一切通信和控制系统中，信息是一种普遍联系的形式。

信息技术（Information Technology，简称 IT）是主要用于管理和处理信息所采用的各种技术的总称。它主要是人们在信息获取、整理、加工、传递、存储和利用中所采取的各种技术和方法。它也常被称为信息和通信技术（Information and Communications Technology，ICT），主要包括传感技术、计算机与智能技术、通信技术和控制技术。信息技术不仅被嵌入在产品中，还嵌入在服务中。

现代信息技术是以电子技术（尤其是微电子技术）为基础、以计算机技术为核心、以通信技术为命脉、以信息应用技术为目标的科学技术群。

（一）信息基础技术

信息基础技术是信息技术的基础，它涵盖了各种新产品、新能源、新设备的开发与制造技术。近年来发展最快、应用最广泛、影响最大的就是微电子技术和光电子技术。

（二）信息主体技术

现代信息技术是有关信息的获取、传输、处理、控制、展示和存储等的技术，它的主体技术主要包括信息获取技术、信息传输技术、信息处理技术、信息控制技术、信息展示技术以及信息存储技术。

二、医学信息与医学信息技术

医学信息：计算机、信息科学与医学相互融合，产生了一门新学科——医学信息。它正在改变着传统中医药学，医学院校教育面临着这难得的机遇和挑战。

医学信息学：（又称卫生信息学或医学资讯学），是信息科学，医学和卫生保健学等学科的交叉学科。它研究相关资源、设计和方法，以优化卫生和生物医学信息的获取、存储、检索和利用。医学信息学作为一门新兴的前沿交叉学科，其所使用的工具不仅包含计算机、信息学技术，而且还包括临床指导原则、相应的医疗术语和作为实现平台的信息通信系统。医学信息学包括一些下属子领域，如：生物信息学、药物信息学、公共卫生信息学、医学图形信息学等。

"医学信息技术"教育（Health Information Technology，HIT）：是指应用计算机技术、信息管理理论进行医疗资源利用和医疗服务管理的一门学科，这是一个比较宽泛的概念，培养能对医疗卫生各领域信息化进行计划、分析、设计和管理的专门人才。

医学信息系统（medical information system）：是2020年公布的医学影像技术学名词。结合生物医学和卫生健康的科学理论与方法，应用信息技术解决医疗卫生和健康问题，为临床和管理决策提供支持的信息系统。

医学信息技术：一门涉及医学实践、教育、科研中信息加工和信息交流的学科，是医学、计算机学、人工智能、决策学、统计学和信息管理学的新兴交叉学科。

医学信息技术是近30年来随着计算机、通信、网络及信息处理技术的飞速发展，在生物医学工程领域中迅速形成的一个新兴学科和重要分支。它的含义是指医药卫生事业活动过程中产生的所有信息，包括文字、曲线、图像、声音以及与人体健康状态有关数据的采集、整理、传输、存储分析，服务、反馈等，以促进健康事业的发展。

计算机应用基础

计算机基础知识

任务 1　基础知识简介

计算机（Computer）俗称电脑，是一种用于高速计算的电子计算机器，可以进行数值计算，也可以进行逻辑计算，还具有存储记忆功能，是能够按照程序运行，自动、高速处理海量数据的现代化智能电子设备。由硬件系统和软件系统所组成，没有安装任何软件的计算机称为裸机。可分为超级计算机、工业控制计算机、网络计算机、个人计算机、嵌入式计算机五类，较先进的计算机有生物计算机、光子计算机、量子计算机、神经网络计算机、蛋白质计算机等。世界上第一台电脑是 ENIAC。现在的计算机大部分为冯·诺依曼提出的冯·诺依曼体系。它是一种不需要人工直接干预的机器，能够快速对各种数字信息进行算术和逻辑运算的电子设备，以微处理器为核心，配上大容量的半导体存储器及功能强大的可编程接口芯片，连上外设（包括键盘、显示器、扫描仪、打印机和软驱、光驱等外部存储器）及电源所组成的计算机，称为微型计算机，简称微型机或微机，有时又称为 PC（Personal Computer）或 MC（Micro computer）。微机加上系统软件，就构成了整个微型计算机系统（MSC，简称微机系统）。

一、计算机主要特点

（一）运算速度快

当今计算机系统的运算速度已达到每秒万亿次，微机也可达每秒几亿次以上，使大量复杂的科学计算问题得以解决。例如：卫星轨道的计算、大型水坝的计算、24 小时天气预报的计算等，过去人工计算需要几年、几十年，而现在用计算机只需几天甚至几分钟就可完成。

（二）计算精确度高

科学技术的发展特别是尖端科学技术的发展，需要高度精确的计算。一般计算机可以有十几位甚至几十位（二进制）有效数字，计算精度可由千分之几到百万分之几，是任何计算工具所望尘莫及的。

（三）有逻辑判断能力

随着计算机存储容量的不断增大，可存储记忆的信息越来越多。计算机不仅能进行计算，而且能把参加运算的数据、程序以及中间结果和最后结果保存起来，以供用户随时调用；还可以对各种信息（如视频、语言、文字、图形、图像、音乐等）通过编码技术进行算术运算和逻辑运算，甚至进行推理和证明。

（四）有自动控制能力

计算机内部操作是根据人们事先编好的程序自动控制进行的。用户根据解题需要，事先设计好运行步骤与程序，计算机十分严格地按程序规定的步骤操作，整个过程不需人工干预，自动执行，已达到用户的预期结果。

二、计算机划分

计算机按主要元器件可划分为五个阶段，见表 1－1－1。

表 1－1－1　计算机的五个阶段

发展阶段	逻辑元件	主存储器	运算速度（每秒）	软件	应用
第一代 （1946—1958）	电子管	电子射线管	几千次到几万次	机器语言、汇编语言	军事研究、科学计算
第二代 （1956—1963）	晶体管	磁芯	几十万次	监控程序、高级语言	数据处理、事务处理
第三代 （1964—1971）	中小规模集成电路	半导体	几十万次到几百万次	操作系统、编辑系统、应用程序	有较大发展开始广泛应用
第四代 （1972—2018）	大规模超大规模集成电路	集成度更高的半导体	上千万次到上亿次	操作系统完善、数据库系统、高级语言发展、应用程序发展	渗入社会各级领域
第五代 （2019—2000）	智能超大规模集成电路	智能化人-机按口子系统	360 万亿次	智能程序设计系统、知识库设计系统、智能超大规模集成电路辅助设计系统、智能应用系统、集成专家系统等	渗入社会各级领域

第一代电子管计算机（1946—1958）：

它的基本电子元件是电子管，内存储器采用水银延迟线，外存储器主要采用磁鼓、纸带、卡片、磁带等。由于当时电子技术的限制，运算速度只是每秒几千次至几万次的基本运算，内存容量仅几千个字。因此，第一代计算机体积大，耗电多，速度低，造价高，使用不便，主要局限于一些军事和科研部门进行科学计算。软件上采用机器语言，后期采用汇编语言。

特点：操作指令是为特定任务而编制的，每种机器有各自不同的机器语言，功能受到限制，速度也慢。另一个明显特征是使用真空电子管和磁鼓储存数据。

第二代晶体管计算机（1956—1963）：

1948 年，美国贝尔实验室发明了晶体管，10 年后晶体管取代了计算机中的电子管，诞生了晶体管计算机。晶体管计算机的基本电子元件是晶体管，内存储器大量使用磁性材料制成的磁芯存储器。与第一代电子管计算机相比，晶体管计算机体积小，耗电少，成本低，逻辑功能强，使用方便，可靠性高。软件上广泛采用高级语言，并出现了早期的操作系统。

特点：晶体管代替了体积庞大电子管，使用磁芯存储器。体积小、速度快、功耗低、性能更稳定。还有现代计算机的一些部件：打印机、磁带、磁盘、内存、操作系统等。在这一时期出现了更高级的 COBOL 和 FORTRAN 等编程语言，使计算机编程更容易。新的职业（程序员、分析员和计算机系统专家）和整个软件产业由此诞生。

第三代集成电路计算机（1964—1971）：

随着半导体技术的发展，1958 年夏，美国得克萨斯公司制成了第一个半导体集成电路。集成电路是在几平方毫米的基片上，集中了几十个或上百个电子元件组成的逻辑电路。第三代集成电路计算机的基本电子元件是小规模集成电路和中规模集成电路，磁芯存储器进一步发展，并开始采用性能更好的半导体存储器，运算速度提高到每秒几十万次基本运算。由于采用了集成电路，第三代计算机各方面性能都有了极大提高：体积缩小，价格降低，功能增强，可靠性大大提高。软件上广泛使用操作系统，产生了分时、实时等操作系统和计算机网络。

第四代大规模集成电路计算机（1972—2018）：

随着集成了上千甚至上万个电子元件的大规模集成电路和超大规模集成电路的出现，电子计算机发展进入了第四代。第四代计算机的基本元件是大规模集成电路，甚至超大规模集成电路，集成度很高的半导体存储器替代了磁芯存储器，运算速度可达每秒几百万次，甚至上亿次基本运算。在软件方法上产生了结构化程序设计和面向对象程序设计的思想。另外，网络操作系统、数据库管理系统得到广泛应用。微处理器和微型计算机也在这一阶段诞生并获得飞速发展。

20 世纪 70 年代以后，采用大规模集成电路（LSI）和超大规模集成电路（VLSI）为主要电子器件制成的计算机，重要分支是以大规模、超大规模集成电路为基础发展起来的微处理器和微型计算机。

第五代智能计算机（2019—2000）：

第五代计算机指具有人工智能的新一代计算机，它具有推理、联想、判断、决策、学习等功能。

IBM 发表声明称，该公司已经研制出一款能够模拟人脑神经元、突触功能以及其他脑功能的微芯片，从而完成计算功能，这是模拟人脑芯片领域所取得的又一大进展。IBM 表示，这款微芯片擅长完成模式识别和物体分类等烦琐任务，而且功耗远低于传统硬件。

2000 年以来，计算机的发展进入新的阶段，称为神经元计算机。所谓神经元计算机，就是通过模拟人脑的神经元功能，使计算机主体具有与人的右脑相似的形象思维功能的新一代计算机。神经元计算机被称为第六代计算机，代表着 21 世纪计算机发展的基本方向。

人工神经元网络是由许许多多的人工神经元、一定数量的输入、一个或多个输出构成的。每一个人工神经元实际上是一个数据处理单元或微处理器。神经元网络计算机通常包括 3 层或 4 层人工神经元，每一个人工神经元又与数十乃至数百个人工神经元相连接。神经元网络计算机依靠这些神经元细胞做共同并行处理，以完成形形色色的任务，它的工作原理同人的大脑的工作方式很相似，它的"智能"好像是自发的，不是严格设计出来的，而是各个神经元所做的简单的事情的集合。

神经元网络计算机的最大特点是具有极强的自学能力。当使用传统计算机解决问题时，需要事先编出完整的运算程序，而对于神经元网络计算机，则只需给定输入信号和正确的输出信号，即解决问题的条件和需要得到的结果，神经元计算机自己便能够自动求解，并反复修正错误，最终得出正确的答案。这个过程有些类似迷宫——经过不断的试错，积累经验，直到找到正确的路线，并在以后遇到类似问题时，根据现成的经验，直接选择最佳路线。

神经元网络计算机的另一个吸引人的特点是，它的资料不是储存在存储器里，而是储存在神经元之间的联络网中，这意味着如果个别的神经元网络断裂或被破坏，并不影响其整体的运算能力。神经元计算机具有强大的重建资料的能力，这是其他计算机无法比拟的。

任务 2 我国计算机的发展历史

一、第一代电子管计算机（1958—1964 年）

我国从 1957 年在中科院计算所开始研制通用数字电子计算机，1958 年 8 月 1 日该机可以表演短程序运行，标志着我国第一台电子数字计算机诞生。机器在 738 厂开始少量生产，命名为 103 型计算机（即 DJS-1 型）。1958 年 5 月我国开始了第一台大型通用电子数字计算机（104 机）研制。在研制 104 机的同时，夏培肃院士领导的科研小组首次自行设计并于 1960 年 4 月研制成功一台小型通用电子数字计算机 107 机。1964 年我国第一台自行设计的大型通用数字电子管计算机 119 机研制成功。

二、第二代晶体管计算机（1965—1972 年）

1965 年中科院计算所研制成功了我国第一台大型晶体管计算机：109 乙机；对 109 乙机加以改进，两年后又推出 109 丙机，在我国两弹试制中发挥了重要作用，被用户誉为"功勋机"。华北计算所先后研制成功 108 机、108 乙机（DJS-6）、121 机（DJS-21）和 320 机（DJS-8），并在 738 厂等五家工厂生产。1965—1975 年，738 厂共生产 320 机等第二代产品 380 余台。哈军工（国防科大前身）于 1965 年 2 月成功推出了 441B 晶体管计算机并小批量生产了 40 多台。

三、第三代中小规模集成电路（1973—80 年代初）

1973 年，北京大学与北京有线电厂等单位合作研制成功运算速度每秒 100 万次的大型通用计算机，1974 年清华大学等单位联合设计，研制成功 DJS-130 小型计算机，以后又推出 DJS-140 小型机，形成了 100 系列产品。与此同时，以华北计算所为主要基地，组织全国 57 个单位联合进行 DJS-200 系列计算机设计，同时也设计开发 DJS-180 系列超级小型机。70 年代后期，原电子产业部 32 所和国防科大分别研制成功 655 机和 151 机，速度都在百万次级。进入 80 年代，我国高速计算机，特别是向量计算机有新的发展。

四、第四代超大规模集成电路（80 年代中期）

与国外一样，我国第四代计算机研制也是从微机开始的。1980 年初我国不少单位也开始采用 Z80，X86 和 6502 芯片研制微机。1983 年 12 月电子部六所研制成功与 IBM PC 机兼容的 DJS-0520 微机。30 多年来我国微机产业走过了一段不平凡道路，现在以联想微机为代表的国产微机已占领一大半国内市场。

五、第五代人工智能计算机（80 年代中期至今）

20 世纪 80 年代中期，中国的人工智能迎来曙光，开始走上比较正常的发展道路。第五代计算机是由超规模集成电路制成，现在研发的电脑，即由电子传导信息，还有生物电脑、超导电脑等。

任务 3　计算机系统的组成

一、计算机系统的基本组成

计算机系统是由硬件系统和软件系统两大部分组成。

计算机**硬件**是构成计算机系统各功能部件的集合。是由电子、机械和光电元件组成的各种计算机部件和设备的总称，是计算机完成各项工作的物质基础。计算机硬件是看得见、摸得着的，实实在在存在的物理实体。

计算机**软件**是指与计算机系统操作有关的各种程序以及任何与之相关的文档和数据的集合，其中程序是用程序设计语言描述的适合计算机执行的语句指令序列。

没有安装任何软件的计算机通常称为"裸机"，裸机是无法工作的。如果计算机硬件脱离了计算机软件，那么它就成为一台无用的机器；如果计算机软件脱离计算机的硬件就失去了它运行的物质基础。所以说，二者相互依存，缺一不可，共同构成一个完整的计算机系统。计算机系统的基本组成如图 1－1－1 所示。

二、计算机硬件系统的工作原理

现代计算机是一个自动化的信息处理装置，它之所以能实现自动化信息处理，是由于采用了"存储程序"工作原理。这一原理是 1946 年由冯·诺依曼和他的同事们在一篇题为《关于电子计算机逻辑设计的初步讨论》的论文中提出并论证的。这一原理确立了现代计算机的基本组成和工作方式。

计算机硬件系统的组成及工作原理框图如图 1－1－2 所示。计算机内部采用二进制来表示程序和数据。采用"存储程序"的方式，将程序和数据放入同一个存储器中（内存储器），计算机能够自动高速地从存储器中取出指令加以执行。

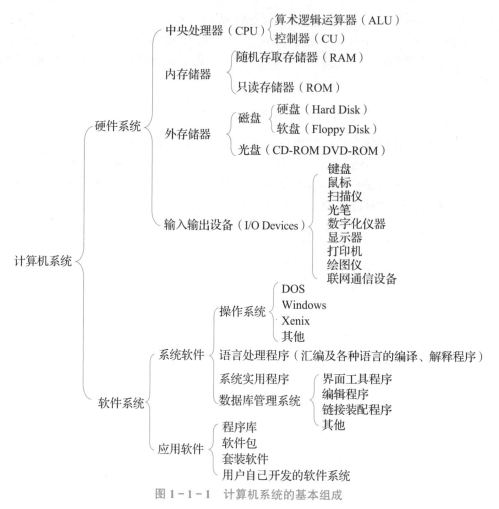

图 1 – 1 – 1　计算机系统的基本组成

可以说，计算机硬件的五大部件中每一个部件都有相对独立的功能，分别完成各自不同的工作。如图 1 – 1 – 2 所示，五大部件实际上是在控制器的控制下协调统一地工作。首先，把表示计算步骤的程序和计算中需要的原始数据，在控制器输入命令的控制下，通过输入设备送入计算机的存储器存储。其次当计算开始时，在取指令作用下把程序指令逐条送入控制器。控制器对指令进行译码，并根据指令的操作要求向存储器和运算器发出存储、取数命令和运算命令，经过运算器计算并把结果存放在存储器内。在控制器的取数和输出命令作用下，通过输出设备输出计算结果。

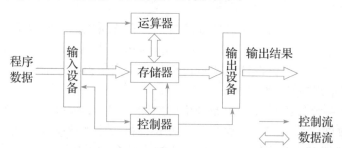

图 1 – 1 – 2　计算机硬件系统的组成及工作原理框图

三、计算机软件系统

一个完整的计算机系统是由硬件和软件两部分组成的。硬件是组成计算机的物理实体。但仅有硬件计算机还不能工作，要使计算机解决各种问题，必须有软件的支持，软件是介于用户和硬件系统之间的界面。

"软件"一词 20 世纪 60 年代初传入我国。国际标准化组织（ISO）将软件定义为：电子计算机程序及运用数据处理系统所必需的手续、规则和文件的总称。对此定义，一种公认的解释是：软件由程序和文档两部分组成。程序由计算机最基本的指令组成，是计算机可以识别和执行的操作步骤；文档是指用自然语言或者形式化语言所编写的用来描述程序的内容、组成、功能规格、开发情况、测试结构和使用方法的文字资料和图表。程序是具有目的性和可执行性的，文档则是对程序的解释和说明。

程序是软件的主体。软件按其功能划分，可分为系统软件和应用软件两大类型。

（一）系统软件（System Software）

系统软件一般是指控制和协调计算机及外部设备，支持应用软件开发和运行的系统，是无须用户干预的各种程序的集合，主要功能是调度、监控和维护计算机系统；负责管理计算机系统中各种独立的硬件，使得它们可以协调工作。系统软件使得计算机使用者和其他软件将计算机当作一个整体而不需要顾及底层每个硬件是如何工作的。

常见的系统软件主要指操作系统，当然也包括语言处理程序（汇编和编译程序等）、服务性程序（支撑软件）和数据库管理系统等。

（二）应用软件

应用软件是指在计算机各个应用领域中，为解决各类实际问题而编制的程序，它用来帮助人们完成在特定领域中的各种工作。应用软件主要包括：为解决各类实际问题而编制的程序，它用来帮助人们完成在特定领域中的各种工作。应用软件包括文字处理程序、表格处理软件、辅助设计软件、实时控制软件、用户应用程序等。

Windows 10 操作系统

任务 1　Windows 10 操作系统概述

一、操作系统介绍

操作系统（Operating System，简称 OS）是管理和控制计算机硬件与软件资源的计算机程序，是直接运行在"裸机"上的最基本的系统软件，任何其他软件都必须在操作系统的支持下才能运行。Windows 10 是微软公司发布的一款视窗操作系统。它发行于 2014 年 10 月。Windows 10 可供选择的版本有：共有家庭版、专业版、企业版、教育版、移动版、移动企业版和物联网核心版等七个版本。Windows 10 系统已成为智能手机、PC、平板、Xbox One、物联网和其他各种办公设备的心脏，在设备之间提供无缝的操作体验。

Windows 10 中文全称为视窗操作系统体验版。

Windows 10 操作系统控制管理计算机的全部硬软件资源，合理组织计算机内部各部件协调工作，为用户提供操作和编辑界面的程序集合。功能特点如下：

（1）Windows 10 新特性之众望所归：标志性的动态磁贴也会出现在右侧。还有一个重要改进，开始菜单可以进行全局搜索，搜索范围包括本地 PC 内容和网络内容。

（2）Windows 10 新特性之一系统多设备：Windows 10 提供了针对触控屏设备优化的功能，同时还提供了专门的平板电脑模式，开始菜单和应用都将以全屏模式运行。

（3）Windows 10 新特性之 Snap Fill：快速填充，是指当将某个应用 A 的窗口桌面左边缘移动时，在接近左边缘的时候，松开鼠标按键，这时候程序窗口自动从左边缘开始填充，占据合适的屏幕大小。当你将另一个程序 B 窗口移动向右边缘的时候，松开鼠标按键，该程序窗口会自动填满 A 未填充的屏幕区域。

（4）Windows 10 新特性之贴靠辅助：窗口管理功能，能够方便对各个窗口进行排列、分割、组合、调整等操作。

（5）Windows 10 新特性之智能分屏：用户不仅可以通过拖拽窗口到桌面左右边缘的方式来进行左右分屏放置，还可以将窗口拖拽到屏幕四角来分成四块显示。当用户划分出一个窗口后，就会在空白区域出现当前打开的窗口列表供用户选择。

（6）Windows 10 新特性之任务视图按钮 Snap Assist：Windows 10 的任务切换器（Windows 键 + "Tab"）不再仅显示应用图标，而是通过大尺寸缩略图的方式对内容进行预览，每个缩略图右上角都有关闭按钮，可以很方便地点击关闭任务。任务视图 Snap Assist 功能可以帮助您更高效地利用桌面空间。

（7）Windows 10 新特性之任务栏的微调语音助理（小娜）：Windows 10 任务栏左下角新增了 Cortana（小娜），它原本是 Windows Phone 中的智能语音助手，不仅能够查找天气、调取用户的应用和文件、收发邮件、在线查找内容，还能了解到较为口语化的用户表达，掌握用户的习惯，提醒用户需要做的事情。

（8）Windows 10 新特性之 Task view：在 Windows 10 的虚拟桌面功能的帮助下，用户可以将窗口放进不同的虚拟桌面中，并在其中进行轻松切换。使原本杂乱无章的桌面变得整洁起来。

（9）Windows 10 新特性之 Alt+Tab：除 Win+Tab 外，Windows 10 也顺便改进了经典的 Alt+Tab。新版任务预览图更大更易分辨，排列也比 Win7 时代更加美观。

（10）Windows 10 新特性之新的浏览器 -Spartan：它集成 OneNote 功能，方便用户进行记录，标注与分享，支持 PDF 文件显示，此外还有阅读模式等。

（11）Windows 10 新特性之通知中心统一管理：在 Windows 10，除了集中显示应用的通知推送消息外，还具有 Wi-Fi、蓝牙、屏幕亮度、设置、飞行模式、定位、VPN 等快速操作选项。此外，Windows 10 合并了控制面板与计算机设置。

（12）Windows 10 新特性之生物识别技术：Windows 10 新增的 Windows Hello 功能带来一系列对于生物识别技术的支持。除常见的指纹扫描外，系统还能通过面部或虹膜扫描让用户进行登入。

二、Windows 操作系统的发展历程

（一）1985 年：Windows 1.0

微软公司正式发布第一代窗口式多任务系统——Windows 1.0 是在 1983 年 11 月宣布，1985 年 11 月对外发行，如图 1-2-1 所示。

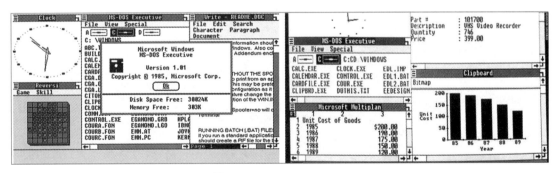

图 1-2-1　Windows 1.0

该操作系统的推出标志着 PC 机开始进入图形用户界面（GUI）时代，打破了以往人们用命令行来接受用户指令的方式，用鼠标点击就可以完成命令的执行。此外，日历、记事本、计算器、时钟等有用的工具开始出现，使得人们可以通过电脑管理简单的日常事务。

Windows 1.0 提供了在运行的程序之间进行切换的能力。在 MS-DOS 下，当你要启动一个新的应用程序时，必须首先退出当前的应用程序。

（二）1987 年：Windows 2.0

Microsoft 随后又推出了 Windows 2.0（1987 年 10 月发布，1987 年 11 月正式在市场上推出），如图 1－2－2 所示。该版本对使用者界面做了一些改进。2.0 版本还增强了键盘和鼠标界面，特别是加入了功能表和对话框。Windows 2.0 已经能创建重叠的应用程序，使用了可以最大化 / 最小化应用程序的按钮，比 DOS 界面要漂亮许多。Windows 2.0 开始支持 Word 和 Excel。通过快捷键方式来操作 Windows 的方法被引入操作系统中。但功能仍比较弱，加上当时软硬件条件的限制，因此推出后反响平平。

图 1－2－2　Windows 2.0

（三）1990 年：Windows 3.0

Windows 3.0 是在 1990 年 5 月 22 日发布的，它将 Win/286 和 Win/386 结合到同一种产品中，如图 1－2－3 所示。Windows 是第一个在家用和办公室市场上取得立足点的版本。

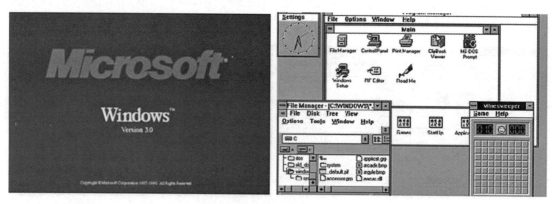

图 1－2－3　Windows 3.0

借助全新的文件管理系统和更好的图形功能，Windows PC 终于成为 Mac 的竞争对手。Windows 3.0 不但拥有全新外观，其保护和增强模式还能够更有效地利用内存。

它引入了至今仍旧是所有 Windows 系统的两个基本概念：

第一：程序管理器：每个应用程序被允许包含图标，并且可以通过双击图标的方式来启动程序。

第二：文件管理器：我们可以直接通过窗口来浏览所安装的应用程序和各种文件。

1. 1992 年：Windows 3.1

Windows 3.1 版本是 1992 年 4 月发布的，跟 OS/2 一样，Windows 3.1 只能在保护模式下运行，并且要求至少配置 1MB 内存的 286 或 386 处理器的 PC，如图 1-2-4 所示。

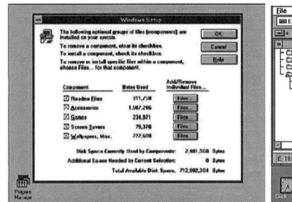

图 1-2-4　Windows 3.1

在 Windows 3.1 中，微软开始在系统中引入 TrueType 字体及其管理工具。到了今天，强大的字体管理器已经可以让我们安装、删除，并使用数百种不同的字体。

此外，注册表这一 Windows 管理中的利器，也是在 Windows 3.1 中第一次引入的。维护和修改注册表可以实现一些特别的功能。

2. 1994 年：Windows 3.2

除少数应用外，大部分的应用程序已经被翻译为简体中文，甚至还包括帮助特意增加的造字程序，当然，所造之字只能在本机使用。

（四）1995 年：Windows 95

1995 年 8 月 24 日推出的 Windows 95，具有需要较少硬件资源的优点，如图 1-2-5 所示。它可以独立运行而不需要 MS-DOS 的支持。更为出色的是，Windows 95 面向对象的图形用户界面，使得普通用户掌握 PC 操作成为可能，而不再需要记忆那些复杂的 DOS 命令和使用参数；仿真的 32 位高性能抢先式多任务和多线程工作模式；对 Internet 的良好支持；对多媒体更出色的支持、即插即用。

Windows 95 可以使用中文文件名等，但存在系统兼容问题，运行时会经常需要在这两种模式（32 位和 16 位）间切换。微软公司发布一些补丁软件，以解决存在的问题。

Windows 此时开始有任务栏和开始菜单，以强大的操作便捷性横扫整个计算机世界。

（五）1998 年：Windows 98

Windows 98 在 1998 年 6 月发布，具有许多加强功能，包括执行效能的提高、更好的硬件支持以及国际网络和全球资讯网（WWW）更紧密的结合，如图 1-2-6 所示。

Windows 98 提高了 Windows 95 的稳定性，但并非一款新版操作系统。它支持多台显示器和互联网电视，新的 FAT32 文件系统可以支持更大容量的硬盘分区。Windows 98 还将 IE 集成到了图形用户界面。之后发布的 Windows 98 SE 增添了包括共享互联网连接在内的一系列新功能。

图 1 - 2 - 5   Windows 95

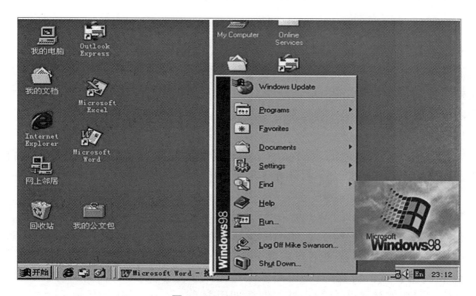

图 1 - 2 - 6   Windows 98

Windows 98 得以开始成熟的计划任务功能，虽然基本的任务计划程序在 Windows 95 中就已经存在，但它只是 Microsoft Plus 的一部分！直到今天，我们依然可以感受到这一工具的强大，可以用它来节省大量的时间。

（六）2000 年：Windows ME

Windows ME 的图形用户界面有不小的改进，还带来了一个新的、重要的 Windows 操作系统的标准功能：系统还原，只需点击几下，Windows 系统就能回到出问题前的状态，如图 1 - 2 - 7 所示。

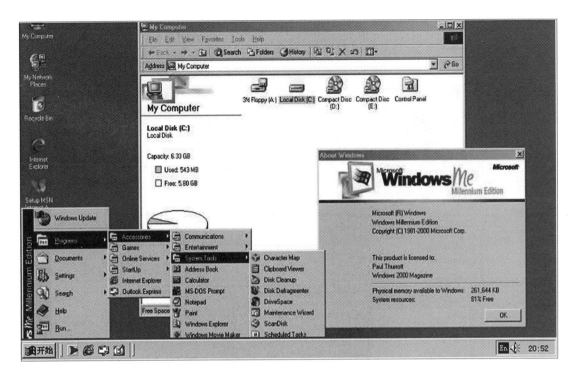

图 1 - 2 - 7　Windows ME

（七）Windows 2000

2000 年 2 月 17 日发布的 Windows 2000 被誉为迄今最稳定的操作系统，它是 Windows NT 的升级产品，也是首款引入自动升级功能的 Windows 操作系统，如图 1 - 2 - 8 所示。同时从 2000 开始，正式抛弃了 9X 的内核。时至今日，依然有很多电脑是用这一操作系统。

图 1 - 2 - 8　Windows 2000

（八）2001 年：Windows XP

Windows XP 在 Windows 2000 的基础上，增强了安全特性，同时加大了验证盗版的技术，如图 1-2-9 所示。"激活"一词成为电脑中最重要的词汇。并且，XP 的命名方式也广为散播，各种不同类型的软件"XP"颁布开始出现。

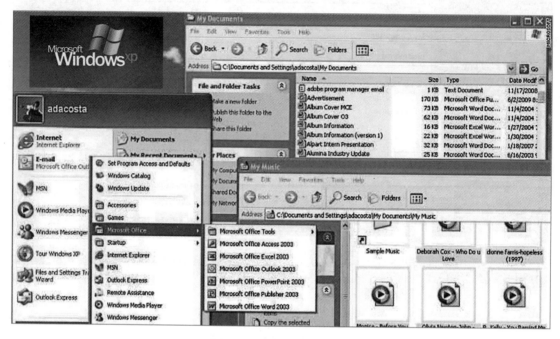

图 1-2-9 Windows XP

Windows XP 在许多方面都取得了重大进展，例如文件管理、速度和稳定性。Windows XP 图形用户界面得到了升级，普通用户也能够轻松愉快地使用 Windows PC。从某种角度看，Windows XP 是最为易用的操作系统之一。

微软将在服务器端所获得成功的经验，也带到了家用计算机领域，可以说，Windows XP 是第一款非常"现代"的操作系统。最为重要的是，微软为家用计算机带来了快速用户切换的功能，它允许其他用户可以在无须注销当前用户的情况下，登录并使用计算机上他们自己的账户，对于多人共用一台电脑的情况而言，这是一个巨大的便利。

微软还在 Windows XP 加入并改进了很多的小功能，比如自动播放、即插即用的 USB 支持、改进的开始菜单等。

（九）2007 年：Windows Vista

2006 年 11 月，具有跨时代意义的 Vista 系统发布，它引发了一场硬件革命，是 PC 正式进入双核、大（内存、硬盘）世代，如图 1-2-10 所示。不过因为 Vista 的使用习惯与 XP 有一定差异，软硬件的兼容问题导致它的普及率不高，但它华丽的界面和炫目的特效还是值得赞赏的。

Windows Vista 系统带有被称为"Aero"的全新图形用户界面——用户管理机制（UAC）以及内置的恶意软件查杀工具（Windows Defender）。另外，强化的即时搜索功能（Windows Indexing Service）是 Vista 所带来的最大的改变，搜索不再仅仅局限于文件，还可以是程序、控制面板等。

图 1 - 2 - 10　Windows Vista

（十）2009 年：Windows 7

Windows 7 于 2009 年 10 月 22 日在美国发布，当日下午在中国正式发布，如图 1 - 2 - 11 所示。Windows 7 的设计主要围绕五个重点——针对笔记本电脑的特有设计；基于应用服务的设计；用户的个性化；视听娱乐的优化；用户易用性的新引擎。它是除了 XP 外第二经典的 Windows 系统，现在的网络工作者绝大多数在用 Windows 7。

图 1 - 2 - 11　Windows 7

微软为所有 Windows 用户带来了一种全新的资源组合和展示方式，我们可以将相关文件夹下某些特殊类型的文件，聚合为一个特别的虚拟目录，比如：音乐，这样我们就有了一种新的更为扁平化的资源索引和浏览方式。

（十一）2012 年：Windows 8

2012 年 10 月 26 日，Windows 8 在美国正式推出，如图 1 - 2 - 12 所示。支持来自 Intel、AMD 和 ARM 的芯片架构，被应用于个人电脑和平板电脑上，尤其是移动触控电子设备，如触屏手机、平板电脑等。该系统具有良好的续航能力，且启动速度更快、占用内存更少，并兼容 Windows 7 所支持的软件和硬件。另外，在界面设计上，采用平面化设计。

图 1 - 2 - 12　Windows 8

（十二）2015 年：Windows 10

Microsoft Windows 10 是微软公司所研发的新一代跨平台及设备应用的操作系统，如图 1 - 2 - 13 示。在正式版本发布后的一年内，所有符合条件的用户都可以免费升级到 Windows 10。下一代 Windows 将作为 Update 形式出现。2015 年 9 月 24 日，百度与微软正式宣布战略合作，百度成为中国市场上 Windows 10 Microsoft Edge 浏览器的默认主页和搜索引擎。2017 年微软春季新品发布会推出 Windows 10 的查看混合实现（View Mixed Reality）（Windows10 Fall Creators Update）。

三、Windows 10 系统的初步认识

（一）Wind10 界面

进入 Windows 10 操作系统后，用户首先看到的是桌面，桌面指的是整个屏幕，如图 1 - 2 - 14 所示。桌面的组成元素主要包括桌面背景、桌面图标和任务栏等。

1. 桌面的组成

（1）桌面。

桌面背景可以是个人收集的数字图片、Windows 提供的图片、纯色或带有颜色框架的图片，也可以显示幻灯片图片，如图 1 - 2 - 14 所示。

图 1 - 2 - 13　Windows 10

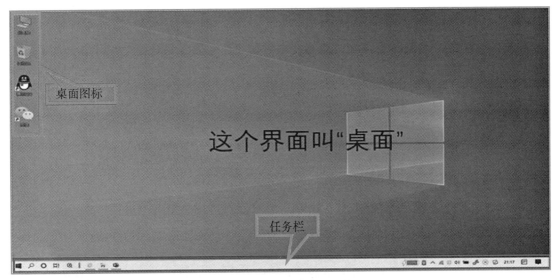

图 1 - 2 - 14　Windows 10 桌面

（2）桌面图标。

Windows 10 操作系统中，所有的文件、文件夹和应用程序等都由相应的图标表示。桌面图标一般由文字和图片组成，文字说明图标的名称或功能，图片是它的标识符。用户双击桌面上的图标，可以快速地打开相应的文件、文件夹或者应用程序。

（3）任务栏。

任务栏是位于桌面的最底部的长条，显示系统正在运行的程序、当前时间等，主要由"开始"按钮、搜索框、任务视图、快速启动区、系统图标显示区和"显示桌面"按钮组成，如图 1 - 2 - 15 所示。与以前的操作系统相比，Windows 10 中的任务栏设计得更加人性化、使用更加方便、功能和灵活。

图 1 - 2 - 15　任务栏

1）"开始"按钮：单击桌面左下角的"开始"按钮 ⊞ 或按下 Win 标志键，即可打开"开始"菜单，左侧依次为用户账户头像、常用的应用程序列表及快捷选项，右侧为"开始"屏幕。

2）搜索：Windows 10 中，搜索框和 Cortana 高度集成，在搜索框中直接输入关键词或打开"开始"菜单输入关键词，即可搜索相关的桌面程序、网页、我的资料等。

3）Cortana：Windows 10 新增了一款名为 Cortana（小娜）的功能，它是一款语音助手，和 iphone、ipad 中的 siri 的功能类似。它不仅能够提供定时提醒、天气出行、资讯影视、学习娱乐、生活兴趣、聊天、电话、短信、日历、提醒、约会、闹钟、导航、音乐、翻译、新闻及机动车限行功能，还能了解到较为口语化的用户表达，掌握用户的习惯，提醒用户需要做的事情。Windows 10 Cortana（小娜）功能非常强大，除以上功能外，还有许多有趣的功能等着大家去发现！

4）任务视图：Windows 10 正式版系统提供了"任务视图"功能，利用此功能可以预览当前计算机所有正在运行的任务程序，同时还可以将不同的任务程序"分配"到不同的"虚拟"桌面中，从而实现多个桌面下的多任务并行处理操作，如图 1 - 2 - 16 所示。

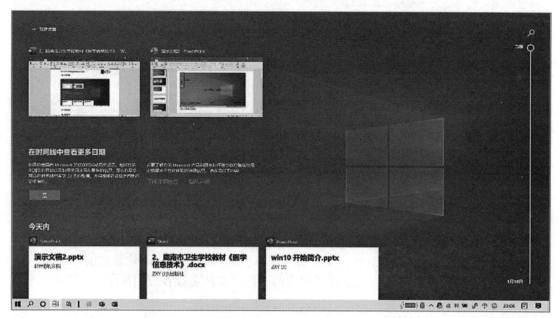

图 1 - 2 - 16　任务视图

5）智能搜索：智能搜索引擎是结合了人工智能技术的新一代搜索引擎，如图 1 - 2 - 17

所示。它除了能提供传统的快速检索、相关度排序等功能，还能提供用户角色登记、用户兴趣自动识别、内容的语义理解、智能信息化过滤和推送等功能。智能搜索引擎具有信息服务的智能化、人性化特征，允许网民采用自然语言进行信息的检索，为他们提供更方便、更确切的搜索服务。搜索引擎的国内代表有：百度、搜狗、搜搜、必应等。国外代表有：Wolfram Alpha、Ask jeeves、Powerset、Google、维基等。

6）快速启动：自从升级了 Windows 10 系统后，发现"快速启动栏"不再消失了，其实快速启动的功能仍然存在，只不过变成了"任务栏"而已，如图 1-2-18 所示。

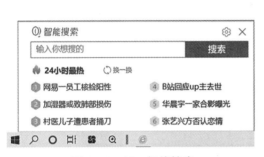

图 1-2-17　智能搜索

图 1-2-18　快速启动

7）应用程序：是已经打开的窗口的最小化按钮，单击这些按钮就可以在窗口之间进行切换。在 Windows 窗口的任务栏中有多个应用程序按钮图标时，其中代表应用程序窗口是当前窗口的图标状态呈现。

8）系统通知区：Windows 10 系统屏幕右下角任务栏最右侧的区域被称为通知区域或系统托盘，如图 1-2-19 所示。系统托盘内的标准工具也匹配了 Windows 10 的设计风格，会显示输入法、电量、音量、时间等系统图标，还可以查看到可用的 Wi-Fi 网络。另外，某些程序的窗口最小化或隐藏后会在这里显示一个图标。为了节省空间，系统图标以外的其他程序图标通常会被隐藏起来。

图 1-2-19　系统通知区

9）显示桌面：我们在操作电脑的时候会不自觉地打开很多窗口，如果要回到桌面，不是一个窗口、一个窗口地缩小，就是在任务栏空白处点击右键，选择"显示桌面"，这些操作都很麻烦。Windows 10 系统右下角最边上有一个竖线小块，就是 Windows 10 的"显示桌面"的图标，我们只需要点击这个图标，就可以快速回到系统桌面。当然，也可以创建一个显示桌面图标按钮。

2.窗口的基本操作

在 Windows 10 操作系统中，窗口是用户界面中最重要的组成部分，对窗口的操作是最基本的操作。

（1）窗口的组成。

窗口是屏幕上与一个应用程序相对应的矩形区域，是用户与产生该窗口的应用程序之间的可视界面。当用户开始运行一个应用程序时，应用程序就创建并显示一个窗口；当用户操作窗口中的对象时，程序会做出相应的反应。用户通过关闭一个窗口来终止一个程序的运行，通过选择相应的应用程序窗口来选择相应的应用程序。

如图 1－2－20 所示是"此电脑"窗口，由标题栏、快速访问工具栏、地址栏、导航窗格、内容窗口和搜索框等部分组成。

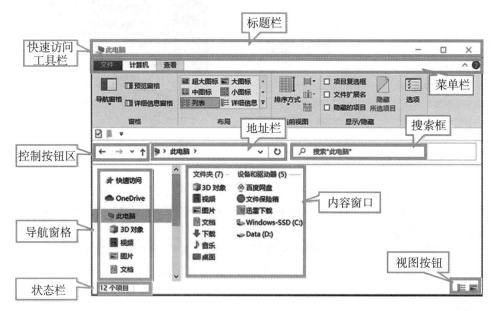

图 1－2－20　窗口的组成

1）标题栏：位于窗口的最上方，显示了当前的目录位置。标题栏右侧分别为"最小化""最大化 / 还原""关闭" 3 个按钮，单击相应的按钮可以执行相应的窗口操作。

2）快速访问工具栏：位于标题栏的左侧，显示了当前窗口图标和查看属性、新建文件夹、自定义快速访问栏 3 个按钮。

单击"自定义快速访问工具栏"按钮　，弹出下拉列表，用户可以勾选列表中功能选项，将其添加到快速访问工具栏中。

3）菜单栏：位于标题栏下方，包含了当前窗口或窗口内容的常用操作菜单。在菜单栏的右侧为"展开功能区 / 最小化功能区"和"帮助"按钮。

4）地址栏：位于菜单栏的下方，主要反映了从根目录开始到现在所在目录的路径，单击地址栏即可看到具体的路径。在地址栏中直接输入路径地址，单击"转到"按钮　或按 Enter 键，可以快速进到要访问的位置。

5）控制按钮区：在地址栏的左侧，主要用于返回、前进、上移到前一个目录位置。单击　按钮，打开下拉菜单，可以查看最近访问的位置信息，单击下拉菜单中的位置信息，可以实现快速进入该位置目录。

6）搜索框：位于地址栏右侧，通过在搜索框中输入要查看信息的关键字，可以快速查找当前目录中相关的文件、文件夹。

7）导航窗格：位于控制按钮区下方，显示了电脑中包含的具体位置，如快速访问、OneDrive、此电脑、网络等，用户可以通过左侧的导航窗格，快速定位相应的目录。另外，用户也可以导航窗格中的"展开"按钮 ⌄ 和"收缩" ⟩ ，显示或隐藏详细的子目录。

8）内容窗口：位于导航窗格右侧，是显示当前目录的内容区域，也叫工作区域。

9）状态栏：位于导航窗格下方，会显示当前目录文件中的项目数量，也会根据用户选择的内容，显示所选文件或文件夹的数量、容量等属性信息。

10）视图按钮：位于状态栏的右侧，包含了"在窗口中显示每一项的相关信息"和"使用大缩略图显示项"两个按钮，用户可以单击选择视图方式。

（2）窗口的操作：是 Windows 环境中的基本对象，显示当前窗口的相关信息和被选中对象的状态信息。

1）打开窗口：在 Windows 10 中，双击应用程序图标，即可打开窗口。在"开始"菜单列表、桌面快捷方式、快速启动工具栏中都可以打开程序的窗口。另外，可以在程序图标中右键单击鼠标，在弹出的快捷菜单中，选择"打开"命令，也可以打开窗口。

2）关闭窗口：窗口使用完毕后，用户可以将其关闭，常见的关闭窗口的方法有以下几种：

①使用"关闭"按钮 ×：单击窗口右上角的"关闭"按钮，即可关闭当前窗口。

②使用快速访问工具栏" ⌄ "：单击快速访问工具栏最左侧的窗口图标 ⌄ ，在弹出的快捷菜单中单击"关闭"命令，即可关闭当前窗口。

③使用标题栏：在标题栏上右单击，在弹出的快捷菜单中单击"关闭"命令，即可关闭当前窗口。

④使用任务栏：在任务栏上选择需要关闭的程序，单击鼠标右键，在弹出的快捷菜单中单击"关闭窗口"命令，即可关闭当前窗口。

⑤使用快捷键：在当前窗口上使用 Alt + F4 组合键，即可关闭当前窗口。

3）移动窗口：当窗口没有处于最大化与最小化状态时，将鼠标指针放在需要移动位置的窗口的标题栏上，鼠标指针为 ⬚ 形状，按住鼠标左键的同时，移动鼠标，到目标处松开左键，即可完成窗口的移动。

4）调整窗口大小：默认情况下，打开的窗口大小和上次关闭时的大小一样。用户将鼠标移动到窗口的边缘，鼠标指针变为 ⬍ 或 ⬌ 形状时，可上下或左右移动边框以纵向或横向改变窗口大小。指针移动到窗口的四个角时，鼠标指针变为 ⬊ 或 ⬈ 形状时，拖曳鼠标，可沿水平或垂直两个方向等比例放大或缩小窗口。

另外，单击窗口右上角的最小化按钮 ▭ ，可使当前窗口最小化；单击最大化按钮 ▢ ，可以使当前窗口最大化，在窗口最大化时，单击"向下还原"按钮 ▣ ，可还原到窗口最大化之前的大小。

提示：

在当前窗口中，双击窗口标题，可使当前窗口最大化，再次双击窗口标题栏，可以向下还原窗口。

5）切换窗口：若同时打开了多个窗口，用户有时会需要在各个窗口之间进行切换操作。

①使用鼠标切换：若同时打开多个窗口，使用鼠标在需要切换的窗口中任意位置进

行单击，该窗口就会出现在所有窗口最前面。另外，将鼠标移在任务栏左侧的某个程序图标上，该程序图标上方会显示该程序的预览小窗口，在预览小窗口中移动鼠标指针，桌面上也会同时显示该程序中的某个窗口。若是需要切换的窗口，单击该窗口即可在桌面上显示。

②"Alt + Tab"组合键：在 Windows 10 系统中，按键盘上主键盘区中的"Alt + Tab"组合键切换窗口时，桌面中间会出现当前打开的各程序预览小窗口。按住"Alt"键不放，每按一次"Tab"键，就会切换一次，直至切换到需要打开的窗口。

③"Windows + Tab"组合键：在 Windows 10 系统中，按键盘上主键盘区中的"Windows + Tab"组合键或单击"任务视图"按钮 ，即可显示当前桌面环境中的所有窗口缩略图，在需要切换的窗口上单击，即可快速切换。

（3）Windows 10 传统桌面图标的找回，如图 1 - 2 - 22 所示。

有时在重装计算机 Windows 10 系统后，桌面上有时只有一个回收站的图标，用户可以添加其他传统图标，具体操作如下：

①桌面上空白处右单击，在弹出的快捷菜单中选择"个性化"菜单命令；

②在弹出的"设置"窗口中，单击"主题"→"桌面图标设置"；

③在弹出的"桌面图标设置"对话框中的"桌面图标"选项组中勾选需要显示的桌面图标复选框，单击"确定"按钮。

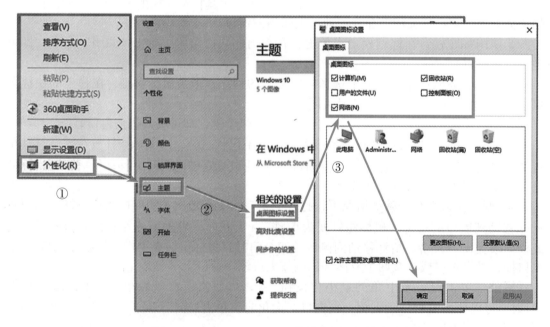

图 1 - 2 - 21　Windows 10 传统桌面图标的找回

3. 任务栏的基本操作

在 Windows 10 操作系统中，掌握对任务的设置及操作，可以提高计算机的操作效率。

（1）任务栏的设置。

在任务栏的空白处右单击，在弹出的快捷菜单中选择"任务栏设置"命令。进入"设置—任务栏"面板窗口，如图 1 - 2 - 22 所示。

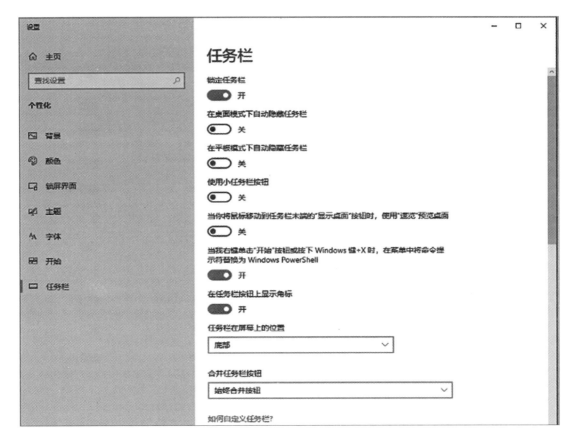

图 1 - 2 - 22　任务栏的基本操作

（2）通知区域的设置。

通知区域位于任务栏的右侧，包含了常用的图标，如网络、音量、输入法、时钟和日历及操作中心等状态和通知。用户可以根据需要自定义通知区域显示的图标和通知，设置可以隐藏一些图标和通知。

1）设置"选择哪些图标显示在任务上"，如图 1 - 2 - 23 所示。在任务栏的空白处右单击，在弹出的快捷菜单中选择"任务栏设置"命令。进入"设置—任务栏"面板窗口，单击右侧的"通知区域"下的"选择哪些图标显示在任务上"超链接。此时进入"选择哪些图标显示在任务上"面板窗口，可根据需要设置图标的显示状态，可通过"开"或"关"设置其显示状态。

2）设置"打开或关闭系统图标"，如图 1 - 2 - 24 所示。在"设置—任务栏"面板窗口，单击右侧的"通知区域"下的"打开或关闭系统图标"，可以看到系统图标的打开状态，也可以通过"开"或"关"进行设置。

3）拖曳图标。在隐藏通知区域处，可以单击 ⌃ "显示隐藏的图标"查看隐藏的图标。利用鼠标左键，将隐藏的图标拖曳到通知区域中，就可以改变显示顺序。

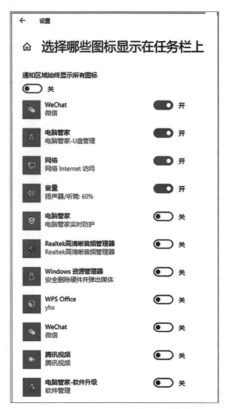

图 1 - 2 - 23　设置其显示状态

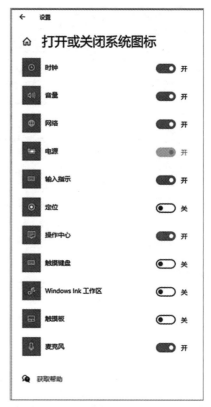

图 1 - 2 - 24　设置"打开或关闭系统图标"

4."开始"菜单

在 Windows 10 操作系统中,打开"开始"菜单有两种方法:一是单击屏幕左下角 ⊞,二是使用键盘上的 Win 徽标键,如图 1 - 2 - 25 所示。

图 1 - 2 - 25　"开始"菜单

☰ 显示所有菜单项的名称。

⊠ 用户按钮:可以根据弹出的菜单执行更改账户设置、锁定屏幕及注销。

打开文档窗口：快速打开文档窗口。

打开图片窗口：快速打开图片窗口。

进入 Windows 设置：打开"设置"面板，选择相关的功能对系统的设备、账户、时间和语言等内容进行设置，也可以使用"Windows + L"组合键快速打开设置面板。

电源按钮：主要用来对操作系统进行关闭操作，包括"睡眠""关机""重启"三个选项。

应用程序列表，显示了计算机中安装的所有应用程序。

（1）磁贴面板。

Windows 10 的磁贴，有图片、文字，用于表示和启动应用程序，其中动态磁贴，可以不断更新显示应用的信息，如天气、日期、新闻等应用。

1）调整磁贴大小：在磁贴上右单击鼠标，在弹出的快捷菜单中选择"调整大小"命令，在弹出的子菜单中有 4 种显示方式，包括：小、中、宽、大。

2）打开 / 关闭磁贴：在磁贴上右单击鼠标，在弹出的快捷菜单中选择"更多"命令，在弹出的子菜单中，单击"关闭动态磁贴"或"打开动态磁贴"命令，即可关闭或打开磁贴的动态显示。

3）拖曳磁贴：选择一个磁贴向下空白处拖曳，即可独立一个组，还可以根据需要调整顺序和大小。

（2）调整"开始"屏幕大小。

在 Win8 系统中，"开始"屏幕是全屏显示的，而在 Windows 10 系统中，其大小并不是一成不变的，用户可以根据需要调整大小，也可以设置为全屏显示。

调整"开始"屏幕大小与调整窗口的大小操作方法相似，指针放在"开始"屏幕右侧时，指针呈 时，可以横向调整大小。指针放在"开始"屏幕上边时，当指针呈 时，可以纵向调整大小。

要全屏显示"开始"屏幕时，按"Windows + L"组合键，打开"设置"面板对话框，单击"个性化"→"开始"选项，将【使用全屏幕"开始"菜单】设置为"开"即可。

5. 操作中心

Windows 10 系统增加了操作中心，也叫通知中心，可以显示更新内容、电子邮件和日历等通知信息。随着 Windows 10 的版本更新，通知中心的作用也不断强化。

单击桌面右下角"操作中心"按钮 或"Windows + A"组合键，可打开 Windows 10 的操作中心，如图 1 - 2 - 26 所示。

（1）平板模式：单击后，切换当前设置到平板模式，开始菜单会以全屏显示。

（2）定位：用于设置 Windows 定位，以及位置历史记录方面的操作。

（3）夜间模式：可以快速开 / 关夜间模式。

（4）所有设置：快速打开"设置"面板。

图 1 - 2 - 26 操作中心

（5）网络：查看网络状态。

（6）连接：用于快速连接无线设备及音频等。

（7）投影：用于投影多个屏幕的快速入口。

（8）VPN：VPN 设置的快速入口。

（9）专注助手：可以快速开 / 关专注助手。

（10）屏幕截图：与组合键"Windows 标志键 + Shift + S"作用相同。

（二）Windows 10 的文件管理

文件和文件夹是 Windows 10 操作系统资源的组成部分，只有掌握好、管理好文件和文件夹的基本操作，才能更好地运用操作完成工作和学习。以下主要讲述 Windows 10 中文件和文件夹的基本操作。

1. 认识文件与文件夹

在 Windows 10 操作系统中，文件是最小的数据组织单位。文件中可以存放文本、图像和数值数据等信息。

（1）文件。

文件是 Windows 存取磁盘信息的基本单位，一个文件是磁盘上存储的信息的一个集合，可以是文字、图片、影片或是一个应用程序等。每个文件都有自己唯一的名称，Windows 就是通过文件的名称来进行管理的。

1）文件名。在 Windows 10 操作系统中，文件名由"基本名 . 扩展名"构成。基本名表示文件的名称，扩展名主要说明文件的类型。如名为" tupian.jpg"的文件，"tupian"为基本名，"jpg"是扩展名，表明文件的类型为图片文件。

2）文件命名规则。

①文件名称长度最多 256 个英文字符。

②文件名中不能使用：斜线（/ 、\）、竖线（|）、大于号（<）、小于号（>）、冒号（：）、引号（"）、问号（？）、星号（*）。

③文件命名不区分大小写字母，如"ABC.txt"和"abc.txt"是同一文件。

④在同一目录下不能存在相同的文件名。

3）文件大小。查看文件大小有两种方法。

方法 1：选择要查看大小的文件并单击鼠标右键，在弹出的快捷菜单中选择"属性"命令，在打开的"属性"对话框中就可以查看文件的大小。

方法 2：打开包含要查看文件的文件夹，单击窗口右下角的 ▦ 按钮，即可在文件夹中查看文件的大小。

（2）文件夹。

在 Windows 系统中，文件夹主要用来存放文件，是存放文件的窗口。文件夹是从 Windows 95 开始提出的一个概念。在计算机中采用的上树状目录结构，它结构层次分明，容易理解，便于操作。

文件夹大小的查看方法与文件大小的查看方法相似，但只能使用"属性"方法查看。选择要查看的文件夹，单击鼠标右键，在弹出的快捷菜单中选择"属性"命令，在打开的"属性"对话框中就可以查看文件夹的大小。

2. 文件与文件夹的基本操作

在 Windows 10 操作系统中，文件资源管理器采用了 Ribbon 界面，最明显的标识就是采用标签页和功能区的形式，便于用户和管理。

在文件资源管理器中，默认隐藏功能区，可以单击窗口最右侧的向下按钮或是 Ctrl + F1 组合键展开或隐藏功能区。另外，单击标签页选项卡，也可以显示功能区。在 Ribbon（功能区）界面中，主要包含计算机、主页、共享和查看 4 种标签页，单击不同的标签页，则包含不同类型的命令。

（1）计算机标签页：主要包含了对计算机的常用操作，如磁盘操作、网络位置、打开设置、程序卸载、查看系统属性等。

（2）主页标签页：主要包含了对文件或文件夹的复制、移动、粘贴、重命名、删除、查看属性和选择等操作。

（3）共享标签页：主要包含了对文件的发送和共享操作，如文件的压缩、刻录、打印等。

（4）查看标签页：主要包含了对窗口、布局、视图和显示/隐藏等操作，如文件或文件夹显示方式、排列文件或文件夹，显示/隐藏文件或文件夹都可以在该标签页中进行操作。

除上述主要标签页外，当文件夹中包含图片时，则会出现"图片工具"标签页，当文件夹中包含音乐文件时，则会出现"音乐工具"标签页。还有"管理""解压缩""应用程序工具"等标签页。

（1）文件与文件夹的选择。

1）选择一个：单击要选定的对象。

2）选择连续的多个：选择第一个对象，按住"Shift"键，单击最后一个，或是拖曳鼠标指针，绘制矩形框选择多个对象。

3）选择不连续的多个：选择第一个对象，按住"Ctrl"键，逐个单击其他要选择的对象。

4）全部选定（全选）：单击"主页标签页→全部选定"菜单命令，或是利用组合键"Ctrl + A"。

5）取消选定：在窗口空白处单击，即可取消选定。

（2）新建文件与文件夹。

1）新建文件。

新建文件有两种方法：一是通过右键快捷菜单选择要新建的文件类型；二是在所需的应用程序中新建文件。

2）新建文件夹。

要新建文件夹，也有两种方法：一是单击右键调出快捷菜单，选择"新建"→"文件夹"命令，输入文件夹名称，按回车键或是单击鼠标即可。二是在窗口的"主页"标签页上，单击"新建文件夹"命令，输入文件夹名称，按回车键或是单击鼠标即可。上述两种操作方法均可完成新建文件夹操作。

（3）文件与文件夹的重命名。

新建文件或文件夹后，都有一个默认的名称作为文件名，用户可以根据需要给新建的或是已有的文件或文件夹重新命名。

1）使用功能区。

选择要重命名的文件或文件夹，单击"主页"标签页上的"组织"功能区中的"重命名"按钮，进入编辑状态，输入要新命名的名称，按回车键或是单击鼠标即可。

2）右键菜单。

选择要重命名的文件或文件夹，单击右键，在弹出的快捷菜单中选择"重命名"命令，进入编辑状态，输入要新命名的名称，按回车键或是单击鼠标即可。

3）F2 快捷键。

选择要重命名的文件或文件夹，按键盘上功能键区的 F2 键，进入编辑状态，输入要新命名的名称，按回车键或是单击鼠标即可。

注意：在重命名时，不能改变已有文件的扩展名，否则会导致文件不可用。

（4）文件与文件夹的复制与移动。

对一些文件或文件夹进行备份，也就是创建文件的副本，或是改变文件的位置，这就需要对文件或文件夹进行复制或移动。

1）复制文件或文件夹。

常用的复制文件或文件夹有以下 3 种方法。

①利用右键。

选择要复制的文件或文件夹，单击右键，在弹出的快捷菜单中选择"复制"命令，选定目标存储位置，单击鼠标右键，在弹出的快捷菜单中选择"粘贴"命令，即可完成复制操作。

②利用组合键。

选择要复制的文件或文件夹，使用组合键" Ctrl + C"，选定目标存储位置，使用组合键"Ctrl + V"，即可完成复制操作。

③利用"主页"标签页。

选择要复制的文件或文件夹，单击"主页"标签页上的"剪贴板"功能区中的"复制"命令按钮，选定目标存储位置，单击"主页"标签页上的"剪贴板"功能区中的"粘贴"命令按钮，即可完成复制操作。

2）移动文件或文件夹。

常用的移动文件或文件夹有以下 3 种方法。

①利用右键。

选择要复制的文件或文件夹，单击右键，在弹出的快捷菜单中选择"剪切"命令，选定目标存储位置，单击鼠标右键，在弹出的快捷菜单中选择"粘贴"命令，即可完成移动操作。

②利用组合键。

选择要复制的文件或文件夹，使用组合键" Ctrl + X"，选定目标存储位置，使用组合键"Ctrl + V"，即可完成移动操作。

③利用"主页"标签页。

选择要复制的文件或文件夹，单击"主页"标签页上的"剪贴板"功能区中的"剪切"命令按钮，选定目标存储位置，单击"主页"标签页上的"剪贴板"功能区中的"粘贴"命令按钮，即可完成移动操作。

除上述方法，我们还可使用鼠标直接对文件或文件夹进行拖曳到目标位置的方法进行移动。

（5）文件与文件夹的删除与恢复。

为了节省磁盘空间，可以将一些重复的、无用的文件或文件夹删除，但删除后有时发现一些文件或文件夹中还有一些有用信息，这时就要对其进行恢复。

1）删除文件或文件夹。

对于删除的文件或文件夹来说，有两种操作，一是暂时删除，即放入回收站中；二是彻底删除，不能恢复。

①暂时删除。

- 使用右键快捷菜单命令：选择要删除的文件或文件夹，单击右键，在弹出的快捷菜单中选择"删除"，即可将其删除。
- 使用"主页"标签页：选择要删除的文件或文件夹，单击"主页→组织"中的"删除"命令，即可将其删除。
- 通过鼠标拖动：选择要删除的文件或文件夹，按住鼠标左键不放，将其拖到回收站图标上，释放鼠标左键，即可将其删除。
- 利用键盘上的"Delete"键：选择需要删除的桌面图标，按下键盘上的"Delete"键，即可快速完成删除操作。

②彻底删除。

- 若要永久性删除图标，可以在删除的同时，组合"Shift"键，这样系统会出现询问框，提示"确实要永久删除此快捷方式吗？"单击"是"就可以永久删除。
- 在回收站中执行"清空回收站"或是对回收站中的文件或文件夹再一次进行删除操作，系统会出现询问框，提示"确实要永久删除此快捷方式吗？"单击"是"就可以永久删除。

2）恢复文件或文件夹。

双击"回收站"图标，进入回收站窗口，在窗口中列出了被删除的文件或文件夹，选择要恢复的文件或文件夹，单击右键，选择"还原"或是在"管理→回收站"标签页中选择"还原选定项目"或是"还原所有项目"。

提示：

放入回收站的文件、文件夹等是可以恢复的。在移动介质上执行删除操作，如移动硬盘、U盘等，是不能恢复的。

（6）隐藏/显示文件与文件夹。

隐藏文件或文件夹可以增强文件的安全性，同时可以防止误操作导致文件或文件夹丢失。

1）隐藏文件或文件夹。

选择需要隐藏的文件或文件夹，单击右键，在快捷菜单中选择"属性"，弹出"属性"对话框，在"常规"选项卡中勾选"隐藏"复选框，单击"确定"命令按钮，此时选择的文件或文件夹已被成功隐藏。

2）显示文件或文件夹。

文件被隐藏后，要想调出被隐藏的文件，需要先显示隐藏的项目。

在窗口中单击"查看"标签页，勾选"隐藏的项目"此时可以看到被隐藏的文件或文件夹，选择要显示的文件或文件夹，并单击右键，在快捷菜单中选择"属性"，在弹出"属性"对话框中的"常规"选项卡中将已经勾选"隐藏"复选框取消勾选，单击"确定"命令按钮，此时选择的文件或文件夹已被成功显示。

（三）Windows 10 的个性化设置

与之前的 Windows 系统版本相比，Windows 10 进行了重大的变革，不仅延续了 Windows 家族的传统，而且带来了更多新的体验。

（1）个性化桌面和主题。

桌面是打开计算机并登录 Windows 之后看到的主屏幕区域，用户可以对它进行个性化设置，让屏幕看起来更漂亮、更舒服。

1）设置桌面背景。

桌面背景可以是个人收集的数字图片、Windows 提供的图片、纯色或带有颜色框架的图片，也可以是显示幻灯片图片。

Windows 10 操作系统自带了很多漂亮的背景图片，用户可以从中选择自己喜欢的图片作为桌面背景，除此之外，还可以使用将自己收藏的图片设置为桌面背景。

方法步骤：

（1）桌面空白处右单击，选择"个性化"，如图 1 - 2 - 27 ①处，选择要设置的背景图片，单击即可应用。

（2）单击"背景"下拉按钮，如图 1 - 2 - 27 ②处所示，在弹出的列表框中选择"纯色"，如图 1 - 2 - 27 ③处，然后在"选择你的背景色区域"中，单击喜欢的颜色，即可将桌面设置为纯色背景。

（3）单击"背景"下拉按钮，在弹出的列表框中选择"幻灯片放映"，如图 1 - 2 - 27 ④处，然后设置"为幻灯片选择相册"，如图 1 - 2 - 27 ⑤处，为"图片切换频率"、播放顺序及契合度等，即可将桌面设置成以幻灯片切换背景了。

（4）若是想设置自己收藏的图片为背景时，单击"浏览"，如图 1 - 2 - 27 ⑥处，进入"打开"对话框，选择要设置成桌面背景的图片，单击"选择图片"按钮，即可完成设置。

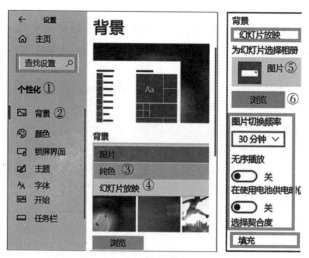

图 1 - 2 - 27　设置桌面背景

2）设置锁屏界面。

用户在使用 Windows 10 操作系统时，可以根据自己的喜好设置锁屏界面的背景、暗淡无光状态的应用等。

　　打开"个性化"窗口，单击"锁屏界面"选项，用户可以将背景设置为 Windows 聚焦、图片和幻灯片放映 3 种方式，如图 1-2-28 所示①～⑤处。设置为 Windows 聚焦，系统会根据用户的使用习惯联网下载精美壁纸；设置为图片形式，可以选择系统自带或计算机本地的图片设置为锁屏界面；设置为幻灯片放映，可以将自定义图片或相册设置为锁屏界面，并以幻灯片形式展示。这里选择"Windows 聚焦"选项。

　　3）设置桌面主题，如图 1-2-29 所示。

　　系统主题是桌面背景、窗口颜色、声音及鼠标光标的组合，Windows 10 采用了新的主题方案，无边框设计的窗口、扁平化设计的图标等，使其更具有现代感。

　　打开"个性化"窗口，单击"主题"选项，在主图区域显示了当前主题，可以单击下方的"背景""颜色""声音"或"鼠标光标"选项，对它们进行自定义。返回桌面后，即可看到桌面背景、任务栏等经过设置后都发生了改变。

图 1-2-28　设置锁屏界面

图 1-2-29　设置桌面主题

　　4）设置屏幕分辨率，如图 1-2-30 所示。

　　屏幕分辨率指的是屏幕上显示的文本和图像的清晰度。分辨率越高，项目越清楚。同时屏幕上的项目越小，因此屏幕可以容纳越多的项目。分辨率越低，在屏幕上显示的项目越少，但尺寸越大。设置适当的分辨率，有助于提高屏幕上图像的清晰度。具体操作步骤如下：

　　桌面空白处单击右键，在弹出的快捷菜单中选择"显示设置"菜单命令，即可打开"设置→显示"面板。单击"分辨率"右侧的下拉按钮，在弹出的分辨率列表中，选择适合的分辨率，即可快速应用设置。

　　（2）设置桌面图标。

　　1）桌面图标设置。

　　如果想添加其他图标可以使用如下方法：右击空白桌面→"个性化"→"主题"→"桌面图标设置"，如图 1-2-31 所示。

　　在 Windows 10 操作系统中，所有的文件、文件夹以及应用程序都由形象化的图标表示。桌面上的图标被称为桌面图标，双击桌面图标可以快速打开相应的文件、文件夹或应用程序。

图 1 - 2 - 30　设置屏幕分辨率

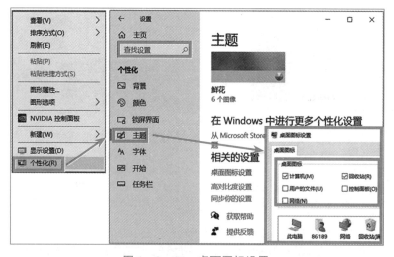

图 1 - 2 - 31　桌面图标设置

2）添加桌面图标。

①将文件、文件夹图标添加到桌面上。右单击需要添加的文件或文件夹，在弹出的快捷菜单中选择"发送到"→"桌面快捷方式"命令，就可以将文件、文件夹的图标添加到桌面上了。

②将应用程序添加到桌面上，如图 1 - 2 - 32 所示。单击"开始"按钮，在弹出的程序列表中，将要放置在桌面的应用程序上单击右键，在弹出的快捷菜单中选择"更多"→"打开文件位置"命令，进行应用程序所在目录，找到要放置在桌面的应用，右单击，在弹出的快捷菜单中选择"发送到"→"桌面快捷方式"命令，就可以将应用程序的图标添加到桌面上了。

3）删除桌面图标。

对于不常用的图标是可以删除的，这样便于管理，同时会使桌面看起来整洁美观。

图 1 - 2 - 32 将应用程序添加到桌面上

①使用右键快捷菜单命令。选择要删除的桌面图标，单击右键，在弹出的快捷菜单中选择"删除"，即可将其删除。

②利用键盘上的"Delete"键。选择需要删除的桌面图标，按下键盘上的"Delete"键，即可快速完成删除操作。若要永久性删除图标，可以在删除的同时，组合"Shift"键，这样系统会出现询问框，提示"确定要永久删除此快捷方式吗？"单击"是"就可以永久删除。

③设置桌面图标的大小与排列方式。查看图标的显示方式：在桌面空白处右单击，在弹出的快捷菜单中选择"查看"命令，在弹出的子菜单中显示 3 种图标大小：大图标、中图标和小图标，根据自己的需要设置图标的显示方式。

设置图标的排列方式：在桌面空白处右单击，在弹出的快捷菜单中选择"排列方式"命令，在弹出的子菜单中显示 4 种排列方式：名称、大小、项目类型和修改日期，根据自己的需要设置图标的排列方式。

提示：

单击桌面任意位置，按"Ctrl"不放，向上滚动鼠标滑轮，可以使图标缩小；向下滚动鼠标滑轮，可以使图标放大。

（3）设置日期和时间、添加事件提醒与闹钟。

在 Windows 10 中，不仅可以查看日期，还可以查看农历信息、添加事件提醒及添加闹钟等。

1）查看与调整日期和时间。

①查看日期和时间。日期与时间位于任务栏的右下角，指针移动到任务栏的右下角的日期和时间上，会弹出当前日期和星期提示框。

②查看日历信息。单击"日期和时间"显示区，会弹出日历查看界面，显示本月的日历信息，也可以单击 ▲ 按钮，查看上月的日历信息，单击 ▼ 按钮，查看下月的日历信息。

③调整日期和时间。右单击任务栏右下角的"日期和时间"，在弹出的菜单中，单击"调整日期/时间"命令，打开"日期和时间"界面，将"自动设置时间"按钮设置为"关"，单击"更改"按钮。弹出"更改日期和时间"对话框，此时可以选择或是手动输入时间和日期，单击"更改"按钮即可更改。

提示：

Windows 10 系统可以联网并自动修改时间，所以只需将"自动设置时间"开关按钮设置为"开"即可。

2）添加事件提醒，如图 1 - 2 - 33 所示。

打开"日期和时间"界面，单击"显示日程"按钮，在显示的日程区域中单击 ✚ 按钮。弹出"日历"面板，在"开始"选项卡下设置日程信息，并单击保存，完成设置。

当到设定提醒时间时，桌面右下角就会弹出事件提醒，"推迟"会在一定时间后再次提醒；"取消"则会取消提醒。

图1-2-33　添加事件提醒

3）添加闹钟。

想要在指定的时间提醒用户，可以通过添加闹钟的方法，提醒时间。

按Windows键，打开"开始"屏幕，在所有程序列表中，选择"闹钟和时钟"应用，打开"闹钟和时钟"应用面板，单击"添加新闹钟"，如图1-2-34所示。

进入图1-2-35，设置"新闹钟"的时间、闹钟名称、重复、声音及暂停时间等，最后单击"保存"按钮，保存设置好的闹钟。保存后会返回"闹钟"界面，即可看到添加的新闹钟，并处于开启状态。当到达指定时间时，在任务栏右下角会弹出"闹钟"通知。

图1-2-34　添加闹钟

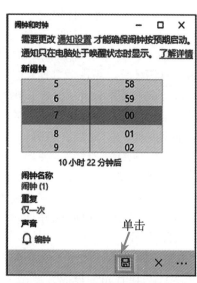

图1-2-35　保存设置好的闹钟

任务 2　文件管理

一、Windows 10 文件夹选项的设置方法

文件夹选项是"资源管理器"中的一个重要菜单项，通过它我们可以修改文件的查看方式，编辑文件的打开方式等。

方法步骤：

方法 1：首先打开此电脑，选择"查看"，然后点击"选项"，如图 1－2－36 所示。

图 1－2－36　资源管理器

方法 2：在弹出的"文件夹选项"的"常规"选项下，可以设置常见的最近查看等隐私设置，如图 1－2－37 所示。

图 1－2－37　"常规"选项卡

方法 3：然后点击"查看"选项，在"查看"选项卡，常用的设置是否显示隐藏文件夹以及扩展名等，如图 1－2－38 所示。

二、Windows 10 共享文件夹设置方法

在局域网中，共享文件是很方便的事情，Windows 10 设置共享文件夹后就不用再像拷贝、复制文件夹又慢又麻烦。下面阐释 Windows 10 共享文件的设置方法。

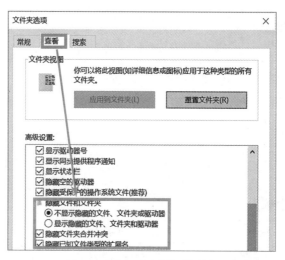

图 1-2-38 "查看"选项卡

方法步骤：

（1）右击"开始"菜单，点击列表中的"文件资源管理器"，选择要共享的磁盘和文件夹，选择"截图工具"，依次点击列表中的"共享"，再点击"特定用户"选项，如图 1-2-39 所示。

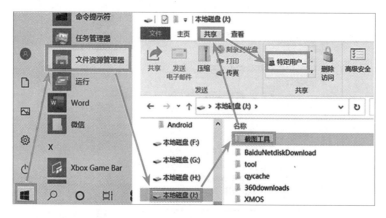

图 1-2-39 设置共享文件夹

（2）选择要与其共享的用户，点击输入框后面的选择按钮，显示出可以共享的用户，还可以创建新用户，这里选择"Everyone"，如图 1-2-40 ①处所示。

（3）点击后面的"添加"按钮，如图 1-2-40 ②处所示。

（4）可以在下方的名称中看到刚刚添加的 Everyone，已经把 Everyone 设置成了共享用户，如图 1-2-40 ③处所示。

（5）点击权限级别中的选择按钮，在里面可以选择读取、读取/写入、删除这个三个权限，这里选择"读取"，如图 1-2-40 ④处所示。

（6）点击"共享"按钮，在"网络发现和文件共享"弹窗中选择"是"，在"网络发现和文件共享"弹窗中选择"是"，文件夹就共享成功了，如图 1-2-41 所示。

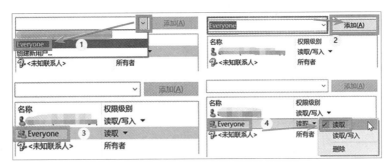

图 1 - 2 - 40　设置共享用户

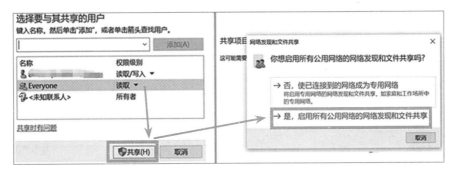

图 1 - 2 - 41　网络发现和文件共享

三、自带解压缩文件工具

Windows 10 自带的压缩功能可以把文件或文件夹压缩成 zip 格式，如图 1 - 2 - 42 所示。

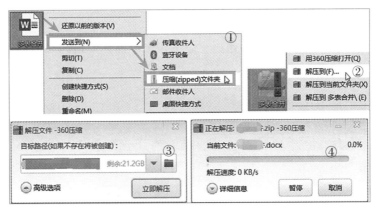

图 1 - 2 - 42　Windows 10 自带的压缩

（1）在需要压缩的文件或文件夹上点击右键，选择"发送到"，再点击"压缩（zipped）文件夹"，即可把选中的文件或文件夹压缩成同名的 zip 格式的压缩文件，如图 1 - 2 - 42 ①步骤所示。

（2）在 zip 格式的压缩文件上点击右键，选择"解压到…"，如图 1 - 2 - 42 所示②处。

（3）弹出"压缩文件"窗口，在"目标路径"设置解压后的保存位置，点击"立即解压"，如图 1 - 2 - 42 所示③处。

（4）点击"立即解压"后，就会显示解压进度框，如图 1-2-42 所示④处。

任务3　Windows 10 系统的设置（控制面板）

一、Windows 10 系统的设置

（一）简述

在 Windows 10 系统中，我们经常会通过控制面板来进行一些设置，比如添加或卸载应用程序，然而有许多刚升级到 Windows 10 系统的新手用户可能还不知道如何打开控制面板，其实方法有很多，接下来就给大家分享一下 Windows 10 系统打开控制面板的四种方法。

方法 1：右键"此电脑"图标的"属性"，点击以后就切换至"系统"界面，在该页面的最左上角找到"控制面板主页"，点击以后就会跳转到控制面板，如图 1-2-43 所示。

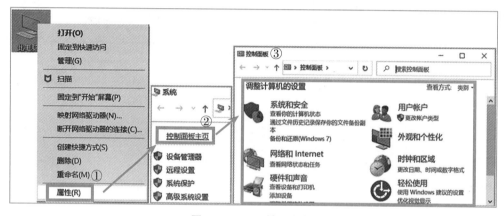

图 1-2-43　控制面板

方法 2：使用开始菜单中的搜索功能，输入"控制面板"可找到最佳匹配下的控制面板，如图 1-2-44 左图所示。

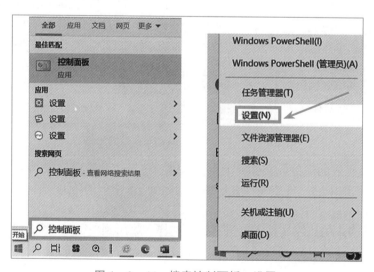

图 1-2-44　搜索控制面板、设置

注意：可在桌面为控制面板创建快捷方式，以便不时之需。

方法 3：右键桌面"开始"菜单，在菜单列表中选择"设置"进入控制面板，如图 1－2－44 右图所示。

方法 4：使用组合键（Win+Pause Break）呼出系统信息窗口，同样在左栏找到"控制面板主页"打开即可。

（二）系统

系统包含操作有：显示、声音、通知和操作、专注助手、电源和睡眠、电池、存储、平板模式、多任务处理、投影到此电脑、体验共享、剪贴板、远程桌面等。

1. 电源和睡眠

（1）设置计算机睡眠时间。

右下角右键点击电池图标，打开电源选项。在打开的窗口中可以设置关闭该子操作、睡眠时间设定等操作，如图 1－2－45 所示。

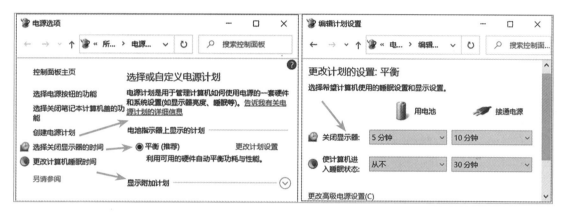

图 1－2－45　设置计算机睡眠时间

（2）Windows 10 电脑唤醒深度睡眠。

如果 Windows 10 免激活，电脑长时间不使用会自动进入睡眠模式，节省电源，要使用时直接点击键盘或鼠标即可启动。

方法步骤：

1）点击任务栏右击开始徽标（或者通过快捷键"Win+R"打开菜单），在开始菜单选择"设备管理器"，如图 1－2－46 所示①处。

2）在打开的"设备管理器"界面双击"系统设备"选项，如图 1－2－53 所示②处。

3）在展开的"系统设备"隐藏列表右击"Intel（R）Management Engine Interface"选项，选择"属性"，如图 1－2－46 所示③处。

4）在打开的属性窗口选择"电源管理"选项卡，然后将"允许计算机关闭此设备以节约电源"前面的√去掉，点击"确定"，如图 1－2－46 所示④处。

5）同样右击任务栏"开始"徽标→"电源选项"→窗口右侧下拉找到"其他电源设置"并点击，如图 1－2－47 示。

6）在打开的"电源选项"界面点击电源计划右侧的"更改计划设置"选项，如图 1－2－48 所示。

图 1 - 2 - 46　Windows 10 电脑唤醒深度睡眠

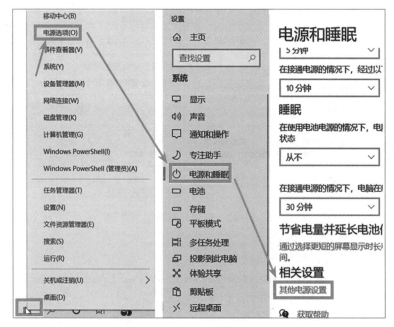

图 1 - 2 - 47　其他电源设置

图 1 - 2 - 48　更改计划设置

7）在打开的"编辑计划设置"界面点击"还原此计划的默认设置"选项，然后再点击"是"就行了，如图 1-2-49 所示。

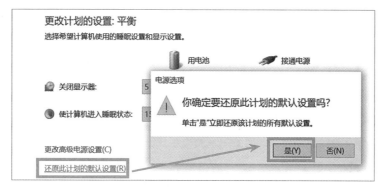

图 1-2-49 还原此计划的默认设置

睡眠模式可以保存 Windows 10 系统电脑的当前工作状态，当再次唤醒时可以接着此前的工作状态继续操作。

2. 投影到此电脑

Windows 10 增加"投影到此电脑"的功能，我们可以通过投影到此电脑这个功能将手机中的画面投影到计算机的显示屏中，这样一来我们在手机中的操作就可以在电脑屏幕上显示，那么 Windows 10 投影到此电脑的功能应该怎么使用呢？

方法步骤：

（1）首先将手机和 PC 连接到同一个 Wi-Fi 网络中，打开开始菜单的"设置"，点击"系统"，点击"投影到此电脑"，在右边对投影进行一下设置，如图 1-2-50 所示①～③处。

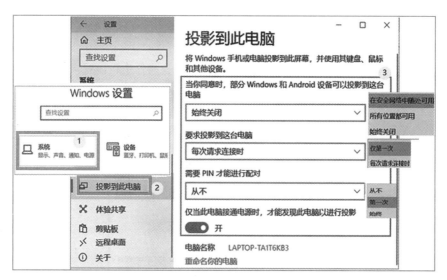

图 1-2-50 投影到此电脑

（2）再点击桌面右下角的通知，选择"仅电脑屏幕"，接着打开手机"设置"，选择"更多连接"，选择"手机投屏"，打开"无线投屏"开关，如图 1-2-51 所示①～④处。

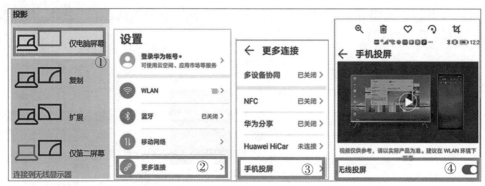

图 1-2-51　手机设置

（3）"可用设备"请求电脑连接，电脑允许"确定"后，给出"可用设备"连接密码，"可用设备"输入密码后连接，消息免打扰"确定"。"可用设备"中找到需要投影的电脑并单击"连接"，电脑右下角会弹出连接选项，选择"确定"即可，如图1-2-52①~⑤处所示。

图 1-2-52　输入 PIN 连接

（三）个性化

对背景、颜色、锁屏界面、主题、字体、开始、任务栏操作进行设置，如图1-2-53所示。

图 1-2-53　个性化

1.设置任务栏图标

右键点击任务栏，选择"任务栏设置"→"任务栏"→选择图标显示在任务栏上，如图 1 - 2 - 54 所示。

图 1 - 2 - 54　设置任务栏图标

（1）设置任务栏图标。

方法步骤：

1）右键单击桌面的空白处，然后选择"个性化"，进入下一步，如图 1 - 2 - 62 所示①处。

2）弹出个性化窗口后进入下一步。点击颜色，进入下一步，如图 1 - 2 - 62 所示②处。

3）下拉菜单，找到"使开始菜单，任务栏，操作中心透明"，然后打开开关以打开透明模式即可，如图 1 - 2 - 62 所示③处。

4）效果如图 1 - 2 - 62 设置透明的 Windows 10 任务栏所示④处。

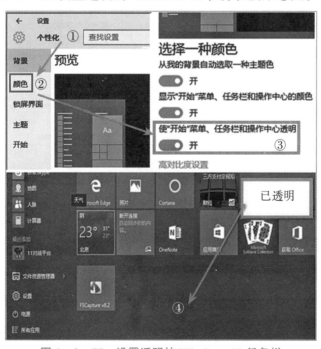

图 1 - 2 - 55　设置透明的 Windows 10 任务栏

（2）隐藏任务栏。

当我们在电脑上进行某些操作（比如浏览网页）时，可能想得到更大的屏幕阅读空间。这个时候，隐藏屏幕底部的任务栏不失一个好办法。

1）隐藏任务栏的好处。

当任务栏被隐藏时，屏幕将提供更大的阅读空间。尤其是在屏幕本来就小的平板电脑上，空间寸土寸金，在查看较大的图片或上网时，隐藏任务栏就越发凸显出它的实用性来。

2）在 Windows 10 中隐藏任务栏的方法。

方法步骤：

1）首先，点击屏幕左下角的 Win 徽标，然后在弹出的菜单中点击"设置"图标。如图 1-2-56 所示①处。

2）接着，在设置中点击"个性化"，如图 1-2-56 所示②处。

3）打开个性化以后，在窗口左侧找到并点击"任务栏"，如图 1-2-56 ③处。

4）然后，打开"在桌面模式下自动隐藏任务栏"选项。这样，当我们鼠标没有位于任务栏上时，系统就会自动隐藏任务栏了，如图 1-2-56 所示④处。

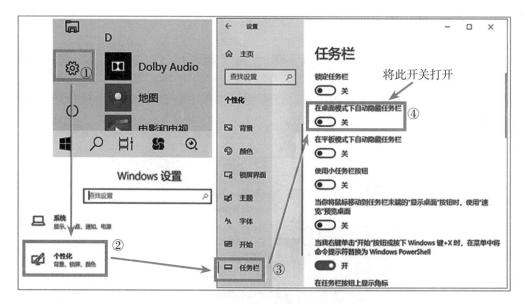

图 1-2-56　隐藏任务栏的方法步骤

5）任务栏隐藏后又调出：只要将鼠标移动到屏幕底部它就会重新浮现了。

2. 打开控制面板的颜色和外观设置窗口

方法步骤：

（1）Windows 10"设置"中的"个性化→颜色"设置界面只有 48 种主题色可供选择（需要关闭"从我的背景自动选取一种主题色"才能显示这些主题色选项），如图 1-2-57 所示①②③处。

（2）之前的控制面板中的"个性化/颜色和外观"设置窗口中则可以通过拖动滑块调配中任意的颜色，并且可以对颜色浓度、色调、饱和度、亮度等进行微调，如图 1-2-57

所示④处。

（3）现在找不到这个"个性化/颜色和外观"设置窗口了，是它已经被取消了吗？其实它还在，只不过现在是在"设置"的"个性化"下的"颜色"中打开。

（4）按 Win + R 快捷键调出"运行"对话框，如图 1 - 2 - 57 所示⑤处。输入"Control Color"，如图 1 - 2 - 57 所示⑥处，点击"确定"，即可打开"个性化/颜色和外观"设置窗口。

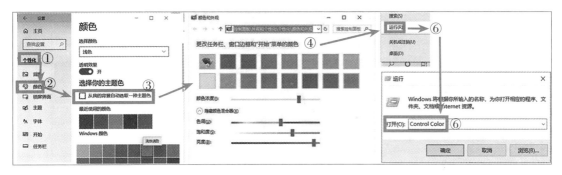

图 1 - 2 - 57　打开控制面板的颜色和外观设置窗口

（四）更新和安全

在服务项中找到更新服务暂停服务即可。

方法 1：

（1）在搜索中输入"services.msc"找到"服务"，如图 1 - 2 - 58 所示①②处。

（2）在弹出来的服务中，找到"Windows Update"，如图 1 - 2 - 58 所示③处。

（3）找到后双击进入，在启动类型处选择"禁用"，然后点击应用。再点击确定即可，如图 1 - 2 - 58 所示④⑤⑥处。

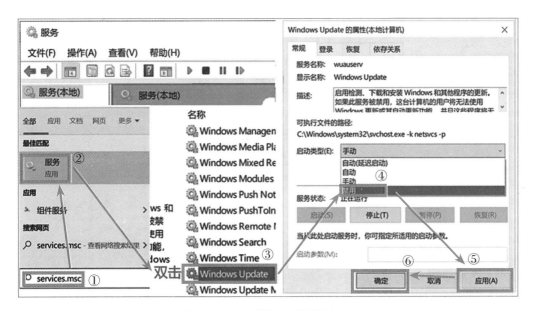

图 1 - 2 - 58　关闭自动更新方法 1

方法 2：或者在"Windows 设置"下的"更新和安全"中进行设置，如图 1 - 2 - 59 所示。

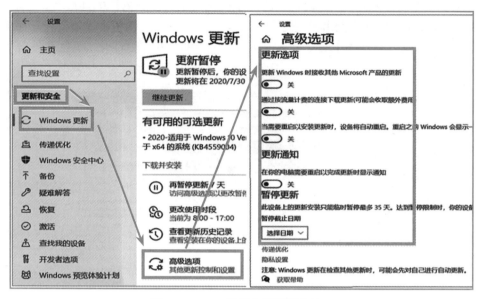

图 1 - 2 - 59　关闭自动更新方法 2

方法 3：使用系统自带的杀毒软件，不安装第三方软件。右下角打开 Windows defender 软件，进入软件，根据自己情况进行设置，如图 1 - 2 - 60 所示。

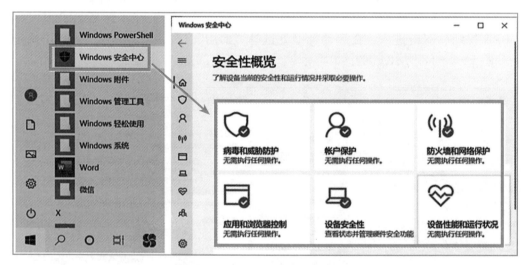

图 1 - 2 - 60　关闭自动更新方法 3

二、设置技巧

（一）设置自带录屏功能

输入 psr.exe 回车打开软件。打开设置进行输出位置设置等操作。步骤如图 1 - 2 - 61 ①～⑤所示。

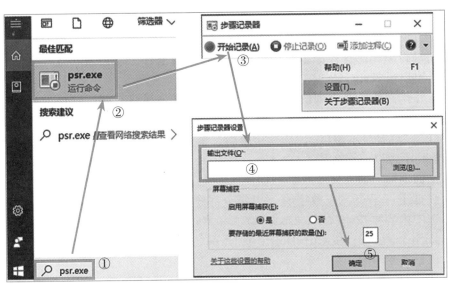

图 1 - 2 - 61　设置自带录屏

（二）**Windows 10 窗口贴靠功能**

　　日常工作离不开窗口，尤其对于并行事务较多的桌面用户来说，没有一项好的窗口管理机制，简直寸步难行。相比之前的操作系统，Windows 10 在这一点上改变巨大，提供了为数众多的窗口管理功能，能够方便地对各个窗口进行排列、分割、组合、调整等操作。

　　按比例分屏，如图 1 - 2 - 62 所示。在 Windows 10 中，这样的热区被增加至七个，除了之前的左、上、右三个边框热区外，还增加了左上、左下、右上、右下四个边角热区以实现更为强大的 1/4 分屏，此功能可以通过快捷键 Windows ＋上下左右方向键来快速实现。同时新分屏可以与之前的 1/2 分屏共同存在。

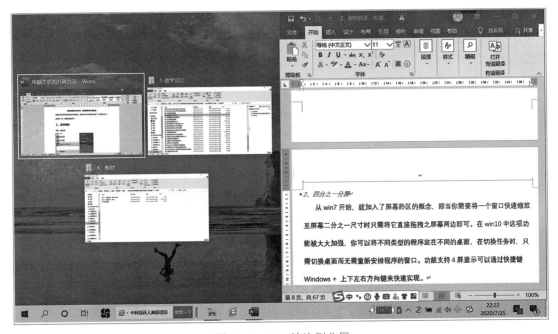

图 1 - 2 - 62　按比例分屏

非比例分屏：在 Windows 10 中，一个比较人性化的改进就是调整后的尺寸可以被系统识别。比方说当你将一个窗口手工调大后（必须是分屏模式），第二个窗口会自动利用剩余的空间进行填充。这样原本应该出现的留白或重叠部分就会自动整理完毕，高效的同时也省了用户很多事。

层叠与并排：如果要排列的窗口超过 4 个，分屏就显得有些不够用了，这时不妨试一试最传统的窗口排列法。具体方法是，右击任务栏空白处，然后选择"层叠窗口""并排显示窗口""堆叠显示窗口"。选择结束后，桌面上的窗口会瞬间变得有秩序起来，可以明显感觉到不像以前那么乱了。

（三）一键消除一串英文或数字

当我们打了一串英文或数字时，想要全部删掉，一般的做法是连按 Backspace 键，或者鼠标选中内容再按一次 Backspace 键。一直按住太慢了，而且不是很好控制。直接按 Ctrl+Backspace 就好，按 Ctrl+Delete 或 Ctrl+ 方向键同理。

（四）鼠标滚轮渗透

"Windows 设置"→"设备"→鼠标→"当我悬停在非活动窗口上方时对其进行滚动"，将其改为"开"；在多窗口叠加的工作中，无须将工作窗口调整到最前面，就可以实现滚轮下拉页面，如图 1-2-63 所示。

图 1-2-63　鼠标滚轮渗透

（五）颜色滤镜（**Windows + Ctrl + C**）

Windows 10 自带了一种特殊的颜色模式，称为"颜色滤镜"，如图 1-2-64 所示。虽然包含"滤镜"两个字，可其实和拍照没有联系，它原来是给色弱或色盲用户准备的一种特殊颜色模式。如果用户是电脑盲，按顺序按下这三个键，就会发现电脑掉色了。

进入滤镜后，你能看到很多与之相关的色彩模式。其实色弱者并非什么颜色都看不见，他们只不过是对一种或几种颜色分辨不佳罢了。而在色弱者范围内，"红—绿"色弱是相对人数最多的。Windows 10 的这项功能的主要作用是通过调整不同颜色的输出强度，来帮助色弱用户分辨相近色彩，而非医学上的色觉纠正，使用时只要选择与自己色彩障碍相符的滤镜类型即可。

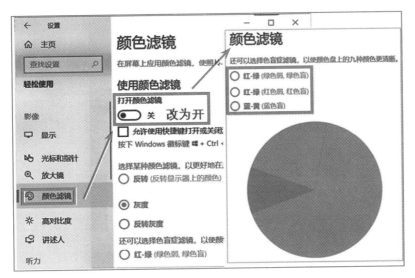

图 1 - 2 - 64　颜色滤镜

计算机网络及安全

任务 1 计算机网络

一、计算机网络发展简史

计算机网络，是指将地理位置不同的具有独立功能的多台计算机及其外部设备，通过通信线路连接起来，在网络操作系统、网络管理软件及网络通信协议的管理和协调下，实现资源共享和信息传递的计算机系统。

1. 第一代计算机网络（见图 1 - 3 - 1）

第一代计算机网络又称为面向终端的计算机网络。用今天对计算机网络的定义来看，"主机—终端"系统只能称得上是计算机网络的雏形，还算不上是真正的计算机网络，但这一阶段进行的计算机技术与通信技术相结合的研究，成为计算机网络发展的基础。

将计算机的远程终端通过通信线路与大型主机连接，构成以单个计算机为主的远程通信系统。系统中除一台中心计算机外，其余终端没有自主处理能力，系统的主要功能只是完成中心计算机和各终端之间的通信，各终端之间的通信只有通过中心计算机才能进行，因而又称为"面向终端的计算机网络"。

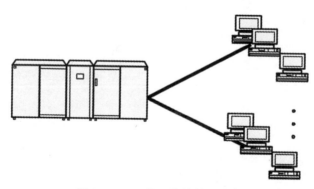

图 1 - 3 - 1 第一代计算机网络

2. 第二代计算机网络（见图 1-3-2）

20 世纪 60 年代，计算机的应用日趋普及，许多部门，如工业、商业机构都开始配置大、中型计算机系统。这些地理位置上分散的计算机之间自然需要进行信息交换。这种信息交换的结果是将多个计算机系统连接，形成一个计算机通信网络，被称为第二代网络。其重要特征是通信在"计算机—计算机"之间进行，计算机各自具有独立处理数据的能力，并且不存在主从关系。计算机通信网络主要用于传输和交换信息，但资源共享程度不高。美国的 ARPANET 就是第二代计算机网络的典型代表。ARPAnet 为 Internet 的产生和发展奠定了基础。

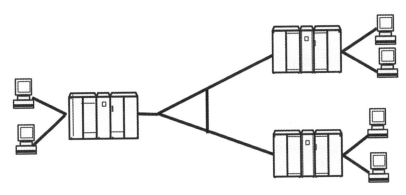

图 1-3-2　第二代计算机网络

3. 第三代计算机网络（见图 1-3-3）

20 世纪 70 年代中期—80 年代末期，现代计算机网络进入互联阶段，特征是网络体系结构的形成和网络协议的标准化。

1977 年国际标准化组织 ISO（International Standards Organization）提出了著名的开放系统互连参考模型 OSI/RM，形成了计算机网络体系结构的国际标准，促进了网络互联技术的发展。尽管 Internet 上使用的是 TCP/IP，但 OSI/RM 对网络技术的发展产生了极其重要的影响。第三代计算机的特征是全网中所有的计算机遵守同一种协议，强调以实现资源共享（硬件、软件和数据）为目的。

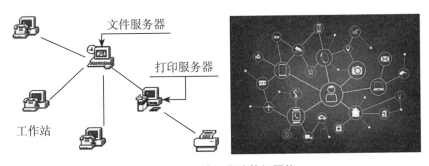

图 1-3-3　第三代计算机网络

计算机网络已经成为当今计算机技术发展各个方面中最具发展潜力和最活跃的方向之一，而且其发展的潜力十分强劲。现在，传统的通信方式在许多方面已经逐步由计算机技术和通信技术结合的计算机网络所取代。

4. 第四代计算机网络

从 20 世纪 90 年代开始，Internet 实现了全球范围的电子邮件、WWW、文件传输和图像通信等数据服务的普及，但电话和电视仍各自使用独立的网络系统进行信息传输。人们希望利用同一网络来传输语音、数据和视频图像，因此提出了宽带综合业务数字网（B-ISDN）的概念。

"宽带"是指网络具有极高的数据传输速率，可以承载大数据量的传输；"综合"是指信息媒体，包括语音、数据和图像可以在网络中综合采集、存储、处理和传输。由此可见，第四代计算机网络的特点是综合化和高速化。

网络互联技术的发展和普及、光纤通信和卫星通信技术的发展，促进了网络之间在更大范围的互联，产生了第五代计算机网络，并沿用至今。

二、计算机网络的功能

1. 数据通信

数据通信是计算机网络的基本功能之一。在网络中，通过通信线路可实现主机与主机、主机与终端之间各种信息的快速传输，使分布在各地的用户信息得到统一、集中的控制和管理。例如，可用电子邮件快速传递票据、账单、信函、公文、语音和图像等多媒体信息，为大型企业提供决策信息，为各种用户提供及时的邮件服务。此外，还可提供"远程会议""远程教学""远程医疗"等服务。

2. 资源共享

资源共享包括硬件资源、软件资源和数据资源的共享，网络中的用户能在各自的位置上部分或全部地共享网络中的硬件、软件和数据，如绘图仪、激光打印机、大容量的外部存储器等，从而提高了网络的经济性。软件或数据的共享避免了软件建设上的重复劳动和重复投资，以及数据的重复存储，也便于集中管理。通过 Internet 可以检索许多联机数据库，查看到世界上许多著名的图书馆的馆藏书目等，就是数据资源共享的一个例子。

3. 提高系统的可靠性

在单机使用的情况下，如没有备用机，一旦计算机有故障便引起停机。当计算机连成网络后，网络上的计算机可以通过网络互为后备，提高了系统的可靠性。

4. 分布处理

分布处理是计算机网络研究的重点课题，可把复杂的任务划分成若干部分，由网络上各计算机分别承担其中一部分任务，同时运行，共同完成，大大加强了整个系统的效能。

当网络中某一计算机负荷过重时，可将新的作业转给网络中其他较空闲的计算机去处理，以减少用户的等待时间，均衡各计算机的负担。利用网络技术还可以把许多小型机或微型机连成具有高性能的计算机系统，使它具有解决复杂问题的能力，而费用却大为降低。

5. 系统便于扩充

计算机网络中的主机是通过通信线路相耦合的，可以很灵活地接入新的计算机系统，达到扩充网络系统功能的目的，如图 1-3-4 所示。

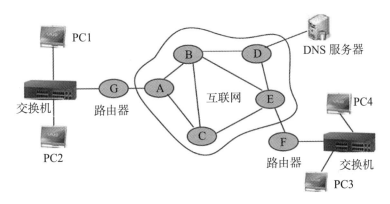

图 1 - 3 - 4　网络系统扩充

三、计算机网络的组成和物理构成

1. 计算机网络的组成

从功能上看，计算机网络主要具有完成网络通信和资源共享两大功能，为实现这两个功能，计算机网络必须具有数据通信和数据处理两种能力。因此，计算机网络可以从逻辑上被划分成两个子网，即通信子网和资源子网，如图 1 - 3 - 5 所示。

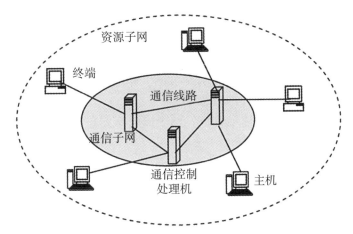

图 1 - 3 - 5　逻辑划分、通信子网和资源子网

（1）通信子网：主要负责网络的数据通信，为网络用户提供数据传输、转接、加工和变换等数据信息处理工作，由通信控制处理机（又称网络结点）、通信线路、网络通信协议以及通信控制软件组成。

（2）资源子网：用于网络的数据处理功能，向网络用户提供各种网络资源和网络服务，主要包括通信线路（即传输介质）、网络连接设备（如网络接口设备、通信控制处理机、网桥、路由器、交换机、网关、调制解调器和卫星地面接收站等）、网络通信协议和通信控制软件等。

两者的相互关系：在局域网中，资源子网主要由网络的服务器、工作站、共享的打印机和其他设备及相关软件所组成。通信子网由网卡、线缆、集线器、中继器、网桥、路由器、交换机等设备和相关软件组成。

2.计算机网络的物理构成

（1）主机与终端。

计算机系统是网络的基本组成部分，它主要完成数据信息的收集、存储、管理和输出的任务，并提供各种网络资源。计算机系统根据其在网络中的用途，一般分为主机和终端两部分。

主机（Host）：主机在很多时候被称为服务器（Server），它是一台高性能计算机，用于管理网络、运行应用程序和处理各网络工作站成员的信息请示等。

终端（Terminal）：终端是网络中的用户进行网络操作、实现人机对话的重要工具，在局域网中通常被称为工作站（Workstation）或者客户机（Client）。由服务器进行管理和提供服务的、联入网络的任何计算机都属于工作站，其性能一般低于服务器。个人计算机接入 Internet 后，在获取 Internet 服务的同时，其本身就成为一台 Internet 网上的工作站。网络工作站需要运行网络操作系统的客户端软件。

（2）数据通信系统。

数据通信系统是连接网络的桥梁，提供了各种连接技术和信息交换技术，其主要任务是把数据源计算机所产生的数据迅速、可靠、准确地传输到数据宿（目的）计算机或专用外设中。

从计算机网络技术的组成部分来看，一个完整的数据通信系统，一般由数据终端设备、通信控制器、通信信道和信号变换器等 4 个部分组成。

（3）网络软件及协议。

网络软件是计算机网络中不可或缺的组成部分。网络的正常工作需要网络软件的控制，如同单个计算机在软件的控制下工作一样。网络软件一方面授权用户对网络资源访问，帮助用户方便、快速地访问网络；另一方面，网络软件也能够管理和调度网络资源，提供网络通信和用户所需要的各种网络服务。

通常情况下，网络软件分为通信软件、网络协议软件和网络操作系统 3 个部分。

（4）传输介质和通信设备。

1）传输介质。

①同轴电缆。同轴电缆（Coaxial Cable）是计算机网络中常见的传输介质之一，它是一种宽带、误码率低、性价比较高的传输介质，在早期的局域网中应用广泛，如图 1-3-6 所示。

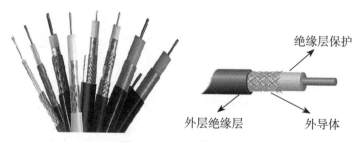

绝缘层保护

外层绝缘层　　　外导体

图 1-3-6　同轴电缆

同轴电缆具体的结构由内到外包括中心铜线、绝缘层、网状屏蔽层和塑料封套 4 个部分。应用于计算机网络的同轴电缆主要有两种，即"粗缆"和"细缆"。同轴电缆同样可以组成宽带系统，主要有双缆系统和单缆系统两种类型。同轴电缆网络一般可分为主干网、次主干网和线缆 3 类。

②双绞线。双绞线（Twisted Pair）是由两条相互绝缘的导线按照一定的规格互相缠绕（一般以顺时针缠绕）在一起而制成的一种通用配线，属于信息通信网络传输介质，如图 1－3－7 所示。

双绞线过去主要是用来传输模拟信号的，但现在同样适用于数字信号的传输。与其他传输介质相比，双绞线在传输距离、信道宽度和数据传输速度等方面均受到一定限制，但价格较为低廉。

③光导纤维，如图 1－3－8 所示。光导纤维（Optical Fiber）简称光纤，是一种性能非常优秀的网络传输介质。相对于其他传输介质而言，光纤具有很多优点，如低损耗、高带宽和高抗干扰性等。光纤是一种新型的传输介质，其与双绞线、同轴电缆相比，

图 1－3－7　双绞线

具有频带宽、损耗低、重量轻、抗干扰能力强、保真度高、工作性能可靠、成本不断下降的优点。

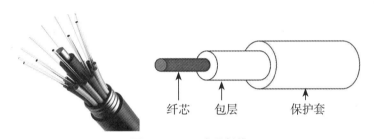

纤芯　　包层　　　保护套

图 1－3－8　光导纤维

④无线传输介质。

无线电波：无线电波是指在自由空间（包括空气和真空）传播的射频频段的电磁波。

微波：传统意义上的微波通信，可以分为地面微波通信与卫星通信两个方面。

蓝牙：蓝牙是一种支持设备短距离通信（一般 10m 内）的无线电技术，能在包括移动电话、PDA、无线耳机、笔记本电脑、相关外设等众多设备之间进行无线信息的交换。

红外线：红外线传输速率可达 100Mb/s，最大有效传输距离达到 1 000m。红外线具有较强的方向性，它采用低于可见光的部分频谱作为传输介质。红外线作为传输介质时，可以分为直接红外线传输和间接红外线传输两种。

2）通信设备。

①网卡，如图 1－3－9 所示。

网卡（Network Interface Card，NIC）又称网络适配器、网络卡或者网络接口卡，是以太网的必备设备。

有线网卡是指必须将网络连接线连接到网卡中，才能访问网络的网卡，主要包括PCI 网卡、集成网卡和 USB 网卡 3 种类型。

无线网卡是无线局域网的无线网络信号覆盖下通过无线连接网络进行上网使用的无线终端设备。目前的无线网卡主要包括 PCI 网卡、USB 网卡、PCMCIA 网卡和 MINI-PCI 网卡 4 种类型。

②集线器，如图 1－3－10 所示。

集线器又称集中器，简称为 Hub。集线器的主要功能是对接收到的信号进行再生整形放大，以扩大网络的传输距离，同时把所有站点集中在以它为中心的节点上。集线器

属于网络底层设备，当它要向某节点发送数据时，不是直接把数据发送到目的节点，而是把数据包发送到与集线器相连的所有节点。

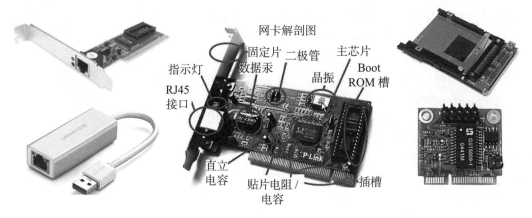

图 1 - 3 - 9　网卡

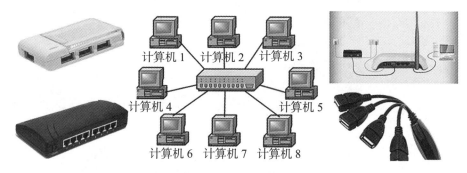

图 1 - 3 - 10　集线器

③路由器，如图 1 - 3 - 11 所示。

路由器（Router）是一种连接多个网络或网段的网络设备，它能将不同网络或网段之间的数据信息进行"翻译"，使不同网段和网络之间能够相互"读懂"对方的数据，从而构成一个更大的网络。

路由器的主要工作就是为经过路由器的每个数据帧寻找一条最佳传输路径，并将该数据有效地传送到目的站点。路由器是网络与外界的通信出口，也是联系内部子网的桥梁。

图 1 - 3 - 11　路由器

④交换机，如图 1-3-12 所示。

交换机（Switch）是一种用于电信号转发的网络设备。它可以为接入交换机的任意两个网络节点提供独享的电信号通路。最常见的交换机是以太网交换机，其他常见的还有电话语音交换机、光纤交换机等。

图 1-3-12　交换机

3）网络软件系统。

网络软件主要包括网络通信协议、网络操作系统和各类网络应用系统。

①服务器操作系统。网络操作系统（NOS）是多任务、多用户的操作系统，安装在网络服务器上，提供网络操作的基本环境。网络操作系统的功能：处理器管理、文件管理、存储器管理、设备管理、用户界面管理、网络用户管理、网络资源管理、网络运行状况统计、网络安全性的建立、网络通信等。常见的有：NoVe2 公司的 Net Ware、微软公司的 Windows Nt Server 及 Unix 系列。

②工作站操作系统。一般的微机操作系统。常见的有：Windows 98、Windows 2000 及 Windows XP 等。

③网络通信协议：实现网络数据交换规则和功能的软件，在通信时，双方必须遵守相同的通信协议才能实现。网络协议的三要素：语法、语义、交换规则（同步、定时）。

④设备驱动程序：网卡驱动程序。

⑤网络管理系统软件。

⑥网络安全软件：防火墙软件。

⑦网络应用软件：网络浏览器软件。

四、计算机网络的分类

1. 网络覆盖的地理范围分类

由于网络覆盖范围和计算机之间互联距离不同，采用的网络结构和传输技术也不同，因而形成不同的计算机网络。网络覆盖的地理范围分类见表 1-3-1。一般可以分为局域网（LAN）、城域网（MAN）、广域网（WAN）三类，如图 1-3-13 所示。

表 1-3-1　网络覆盖的地理范围分类

网络分类	缩写	分布距离大约	网络中的物理设备	传输速率范围
局域网	LAN	10m	房间	4Mb/s ～ 10Gb/s
		100m	建筑物	
		1km	校园	
城域网	MAN	10km	城市	50Kb/s ～ 2Gb/s
广域网	WAN	100 ～ 1 000km	国家	9.6Kb/s ～ 2Gb/s

图 1 - 3 - 13　计算机网络的分类

（1）局域网（LAN）：将较小地理区域内的计算机或数据终端设备连接在一起的通信网络，局域网覆盖的地理范围比较小，一般在几十米到几千米之间，主要用于实现短距离的资源共享，如图 1 - 3 - 14 所示。

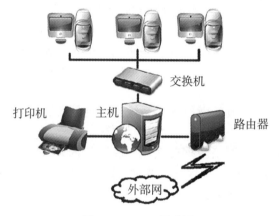

图 1 - 3 - 14　局域网

（2）城域网（MAN）：城域网是一种大型的通信网络，它的覆盖范围介于局域网和广域网之间，一般为几千米至几万米，城域网的覆盖范围在一个城市内，它将位于一个城市之内不同地点的多个计算机局域网连接起来实现资源共享，如图 1 - 3 - 15 所示。

（3）广域网（WAN）：广域网在地域上可以覆盖跨越国界、洲界，甚至全球范围，如图 1 - 3 - 16 所示。目前，Internet 是现今世界上最大的广域计算机网络，它是一个横跨全球、供公共商用的广域网络。

目前世界上有许多网络，而不同网络的物理结构、协议和所采用的标准也各不相同。如果连接到不同网络的用户需要进行相互通信，就需要将这些不兼容的网络通过称为网关（gateway）的机器设备连接起来，并由网关完成相应的转换功能。多个网络相互连接构成的集合称为互联网，其最常见形式是多个局域网通过广域网连接起来。

2. 服务方式分类

对等网：在对等网络中，计算机的数量通常不超过 20 台，所以对等网络相对比较简单，如图 1 - 3 - 17 所示。在对等网络中各台计算机有相同的功能，无主从之分，网上任意节点计算机既可以作为网络服务器为其他计算机提供资源，也可以作为工作站分享其他服务器的资源。

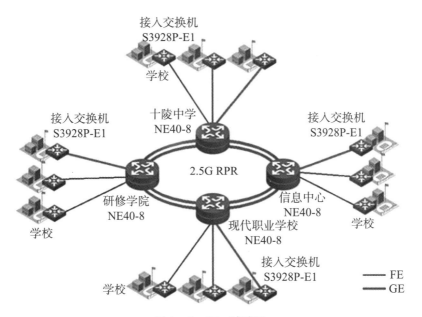

图 1 - 3 - 15　城域网

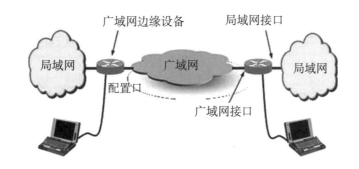

图 1 - 3 - 16　广域网

图 1 - 3 - 17　对等网

　　客户机 / 服务器网络，如图 1 - 3 - 18 所示。在计算机网络中，如果只有一台或者几台计算机作为服务器为网络上的用户提供共享资源，而其他的计算机仅作为客户机访问服务器中提供的各种资源，这样的网络就是客户机 / 服务器网络。

　　服务器指专门提供服务的高性能计算机或专用设备；客户机指用户计算机。客户机 / 服务器网络方式的特点是安全性较高，计算机的权限、优先级易于控制，监控容易实现，网络管理能够规范化。服务器的性能和客户机的数量决定了该网络的性能。

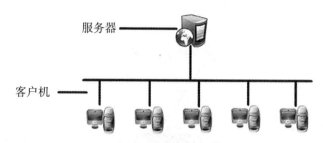

图 1 - 3 - 18 客户机 / 服务器网络

3. 按使用范围划分

可将计算机网络分为公用网和专用网。

公用网：由国家电信部门组建、控制和管理，为全社会提供服务的公共数据网络，凡是愿意按规定交纳费用的都可以使用。

专用网：由某部门或公司组建、控制和管理，为特殊业务需要而组建的，不允许其他部门或单位使用的网络。

4. 传输介质分类

有线网：有线传输介质指在两个通信设备之间实现的物理连接部分，能将信号从一方传输到另一方，主要有同轴电缆、双绞线和光纤。有线网则是使用这些有线传输介质连接的网络。

无线网：无线传输介质指周围的自由空间，利用无线电波在自由空间的传播可以实现多种无线通信。无线网络的特点为联网费用较高、数据传输率高、安装方便、传输距离长和抗干扰性不强等。无线网包括无线电话、无线电视网、微波通信网和卫星通信网等。

5. 按计算机网络拓扑结构分类

所谓"拓扑结构"（ToP），就是用来描述网络中计算机、网线以及其他网络设备的配置方式，是网络物理布局的一种模型，也可以把它看成是一种网络构架。

（1）总线型拓扑结构（见图 1 - 3 - 19）：使用的传输介质是同轴电缆，每台计算机上要求必须带 BNC 接口的网卡，现在已被淘汰。中间有 T 形接头，终结器吸收线缆上产生的电磁信号，防止对网络通信造成干扰。当时的集线器、交换机太高，该种结构的网络优点：成本低，已被淘汰。

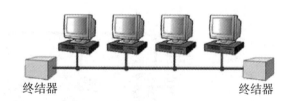

图 1 - 3 - 19 总线型

（2）星形拓扑结构（star topology）（见图 1 - 3 - 20）：它的网络有中心节点，且网络的其他节点都与中心节点直接连接。

优点：易于实现组网，简单快捷，灵活方便是星形拓扑结构被广泛利用的最直接原因，易于网络扩展易于故障排查。

缺点：中心节点压力大。星形拓扑结构对于中心节点的可靠性和研发数据能力的要求较高。

（3）环拓扑结构（见图 1 - 3 - 21）：一次只允许一个节点发送数据，用于大型网络。

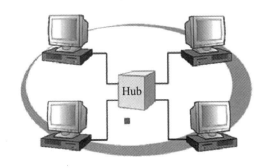

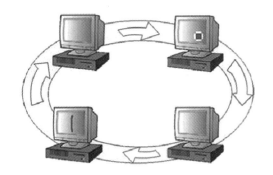

图 1-3-20 星形拓扑结构　　　　　　图 1-3-21 环拓扑结构

（4）网状拓扑结构（mesh topology）（见图 1-3-22）：两个节点之间都需要有数据传输。

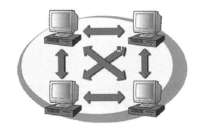

网形拓扑结构中的各个节点至少与其他 2 个节点相连。这种拓扑最大的优点就是可靠性高，网络中的任意 2 节点间都同时存在一条主链路和一条备份链路，但是这些冗余的线路本身又造成网络建设成本成倍增长。

图 1-3-22 网状拓扑结构

五、计算机网络体系结构和 TCP/IP 参考模型

1. 网络体系结构

（1）网络体系结构的定义。

从网络协议的层次模型中来看，网络体系结构（Architecture）可以定义为计算机网络的所有功能层次、各层次的通信协议以及相邻层次间接口的集合。

网络体系结构中 3 要素分别是分层、协议和接口，可以表示为：网络体系结构 = ｛分层、协议、接口｝。

网络体系结构是抽象的，网络体系结构仅给出一般性指导标准和概念性框架，不包括实现的方法，其目的是在统一的原则下设计、建造和发展计算机网络。

（2）网络体系结构的分层原则

1）各层功能明确。

2）接口清晰简洁。

3）层次数量适中。

4）协议标准化。

2. TCP/IP 参考模型

伴随着 Internet 在全世界的飞速发展，TCP/IP 的广泛应用对网络技术发展产生了重要的影响。TCP/IP 参考模型分为应用层、传输层、网络互连层和网络接口层 4 个层次。

网络接口层： 在 TCP/IP 参考模型中，网络接口层是 TCP/IP 参考模型中的最低层，负责网络层与硬件设备的联系。网络接口层是 TCP/IP 与各种 LAN 或 WAN 的接口。

网络互连层： 网络互连层是整个 TCP/IP 协议的核心，对应于 OSI 参考模型的网络层，负责对独立传送的数据分组进行路由选择，以保证可以发送到目的主机。

传输层：在 TCP/IP 模型中，使源端主机和目标端主机上的对等实体进行会话属于传输层的功能。

应用层：TCP/IP 模型中，应用层实现了 OSI 参考模型中会话层和表示层的功能。在应用层中，能够对不同的网络应用引入不同的应用层协议。

六、5G 网络

5G 网络，即第五代移动通信网络，是最新一代蜂移动通信技术，其性能目标是高数据速率、减少延迟、节省能源、降低成本、提高系统容量和大规模设备连接，其主要优势在于，数据传输速率远高于以前的蜂窝网络，最高可达 10G6bit/s，比 4G 快 100 倍。

G 是指 Generation，1G、2G、3G、4G、5G 网络分别指：第一、二、三、四、五代移动通信系统，见表 1-3-2。

表 1-3-2 Generation

Generation	工信部发牌时间	正式商用时间	停用时间
1G	尚未分家	1987-11-18	2001-12-31
2G	尚未分家	1993-9-19	尚未停用
3G	2009-1-7	2009-10-1	尚未停用
4G	2013-12-4	2014-3-18	尚未停用
5G	2019-6-6	2019-10-31	尚未停用

（一）第一代移动通信系统（1G）

"大哥大"使用的就是 1G，第一代通信技术，即模拟通信技术，是指最初的模拟、仅限语音的蜂窝电话标准，表示和传递信息所使用的电信号或电磁波信号往往是对信息本身的直接模拟，例如语音（电话）、静态图像（传真）、动态图像（电视、可视电话）等信息的传递，用户的语音信息的传输以模拟语音方式出现的。

美国摩托罗拉公司的工程师马丁·库珀于 1976 年首先将无线电应用于移动电话。同年，国际无线电大会批准了 800/900 MHz 频段用于移动电话的频率分配方案。

1978 年底，美国贝尔试验室研制成功了全球第一个移动蜂窝电话系统——先进移动电话系统（Advanced Mobile Phone System，AMPS）。5 年后，这套系统在芝加哥正式投入商用。

1G 的缺点是：容量有限、制式太多、互不兼容、保密性差、通话质量不高、不能提供数据业务和不能提供自动漫游等，也就是只能打电话，发短信这种数据信息无法支持。

中国的第一代模拟移动通信系统于 1987 年 11 月 18 日在广东第六届全运会上开通并正式商用，2001 年 12 月底中国移动关闭模拟移动通信网，1G 系统在中国的应用长达 14 年，用户数最高达到 660 万。

（二）第二代移动通信系统（2G）

1G 除了上述缺点之外，1G 的技术标准各不相同，只有"国家标准"，没有"国际标准"，国际漫游是个大问题，第二代移动通信系统（2G）就是要解决这个问题。

2G 以数字语音传输技术为核心，用户体验速率为 10kbps，峰值速率为 100kbps。2G 主要以语音通信和短信为主，2G 技术基本分为两种，一种是基于 TDMA，一种是基于 CDMA。

GSM 移动通信系统开发始于 1982 年，欧洲电信标准协会（ETSI）的前身欧洲邮政电信管理会议（CEPT）成立了移动特别行动小组（Groupe Speciale Mobile），简称 GSM，后来为了推广改成 Global System for Mobile Communications（全球移动通信系统），GSM 最早在 1982 年由 GSM 小组负责开发，后来先后经手 CEPT、ETSI，最终被移交给 3GPP。

2G 技术研发制定过程中尝试了很多技术方式，如：时分多址（TDMA）、频分多址（FDMA）、码分多址（CDMA）。

2004 年已拥有超过十亿的 2G 用户，当然个别的例外，日本和韩国就从未采用过 GSM。

国内从 1996 年引进 GSM 商用，中国主要使用 GSM-800，GSM-900，GSM-1800 频段，139 号段，号码 10 位，后升为 11 位，一直沿用到今天。

（三）第二代到第三代的过渡——2.5G

2.5G 移动通信技术是从 2G 迈向 3G 的衔接性技术，由于 3G 是个相当浩大的工程，多且复杂，从 2G 到 3G 不可能一步到位，因此出现了 2.5G 技术。GPRS、HSCSD、WAP、EDGE、蓝牙（Bluetooth）、EPOC 等技术都是 2.5G 技术。

2.5G 能够实现图片、铃声、短小的视频传输，也可以无线上网，大家可能更熟悉它在中国的另一个名字：移动梦网，英文叫作 Monternet，意思是 Mobile+Internet，也就是移动互联网，在当时的历史阶段引领了一阵子发展，包括很多行业，如手机、互联网、游戏、音乐、视频。

2000 年 12 月，中国移动正式推出了移动互联网业务品牌——移动梦网 Monternet。很多人就是在这个时候最早接触"流量"这个词，也是在这个时候知道手机可以上网，上网需要流量，手机没流量是要扣话费的。

（四）第三代移动通信系统（3G）

3G 与 2G 的主要区别是在传输声音和数据的速度上的提升，它能够在全球范围内更好地实现无线漫游，并处理图像、音乐、视频流等多种媒体形式，是将无线通信与国际互联网等多媒体通信结合的一代移动通信系统。

1940 年，美国女演员海蒂·拉玛和她的作曲家丈夫乔治·安塞尔提出一个 Spectrum 频谱的技术概念，这个被称为"展布频谱技术"（也称码分扩频技术）的技术理论给以后的移动通信技术提供了非常大的帮助。

1942 年 8 月 11 日，这项技术在美国通过专利申请，美国国家专利局网站上的存档显示这个技术专利最初是用于军事用途的，"二战"结束后暂时失去了价值，美国军方封存了这项技术，但它的概念已经让很多国家产生了兴趣。

1985 年，在美国的圣迭戈成立了一个名为"高通"的小公司，这个公司利用美国军方解禁的"展布频谱技术"开发出一个名为"CDMA"的新技术，CDMA 技术催生了 3G，CDMA 就是 3G 的根本基础原理，而展布频谱技术就是 CDMA 的基础，三大 3G 标准都是基于高通的 CDMA。

国际上专利最常见的保护期是 20 年，从时间上来算，高通的 3G 技术大部分已经过期，只有部分涉及 EVDO Rev A 相关没有过期，Rev A 是 CDMA2000 后续演进版本，现在中国电信的 3G 网络就是 Rev A 版本。

（五）第四代移动通信系统（4G）

4G 将 WLAN 技术和 3G 通信技术进行了很好的结合，使图像的传输速度更快，让传输图像的质量和图像看起来更加清晰，4G 通信技术让用户的上网可以高达理论上的 100M，与 3G 通信技术相比，是其 20 倍，4G 带来了高清、视频直播、云计算、手机网游等。

4G 确定下来的国际标准有两项：TD-LTE 和 LTE-FDD，TD-LTE 只有一条道，通过信号灯控制器来决定什么时候可以上，什么时候可以下。LTE FDD 有两条道，往上走和往下走可以同时进行，相互独立的。两者各具优势：TD-LTE 占用资源少，LTE-FDD 性能更强劲。

（六）第五代移动通信系统（5G）

5G 网络的主要优势是数据传输速率高，最高可达 10Gbit/s，比有线互联网要快，比先前的 4G LTE 蜂窝网络快 100 倍。另一个优点是较低的网络延迟，低于 1 毫秒，而 4G 的延迟为 30 ~ 70 毫秒。

5G 的准备工作从 2013 年开始，2017 年 2 月，国际通信标准组织 3GPP 宣布了"5G"的官方 Logo。

2017 年 12 月 21 日，在国际电信标准组织 3GPP RAN 第 78 次全体会议上，5G NR 首发版本正式冻结并发布。

5G NR 是"5G New Radio"的缩写，中文学名"5G 新空口"，而"空口"则是空中接口，比如手机到基站的接口。

在 5G 阶段，3GPP 组织把接入网（5G NR）和核心网（5G Core）拆开了，要各自独立演进到 5G 时代，这是因为 5G 不仅是为移动宽带设计，它要面向 eMBB（增强型移动宽带）、URLLC（超可靠低时延通信）、mMTC（大规模机器通信）三大场景。简单说就是 5G 不只是把速度提上去，还得解决延迟、承受大规模机器同时通信。

现今，提到 5G，有一个词汇是你一定会听到的，那就是双模双载波。但由于目前还在 4G 到 5G 过渡阶段，现有 4G 基础好，而且 Sub-6GHz 传输距离长、蜂巢覆盖范围较广，对基站的需求数量较少，相对配套设置也发展成熟，我国国土辽阔，全面覆盖成本大，时间长，为了及时享受 5G，所以目前国内 5G 的初期建设主要使用 Sub-6GHz 频段。

任务 2　二维码与识别

一、二维码

1. 起源

二维码技术诞生于 20 世纪 40 年代初，但得到实际应用和迅速发展还是在近 20 年间。在通用商品条码的应用系统中，最先采用的是一维码，国外对二维码技术的研究始于 20 世纪 80 年代，在二维码符号表示技术研究方面，已研制出多种码制，常见的有 PDF417，QR Code，Code 49，Code 16K，Code One 等。这些二维码的密度都比传统的一维码有了较大的提高。专家介绍说，在二维码标准化研究方面，国际自动识别制造商协会（AIM）、美国标准化协会（ANSI）已完成了 PDF417，QR Code，Code 49，Code 16K，Code One 等码制的符号标准。在二维码设备开发研制、生产方面，美国、日本等国的设备制造商生产的识读设备、符号生成设备，已广泛应用于各类二维码应用系统。

二维码作为一种全新的信息存储、传递和识别技术，自诞生之日起就得到了许多国家的关注。据了解，美国、德国、日本、墨西哥、埃及、哥伦比亚、巴林、新加坡、菲律宾、南非、加拿大等国，不仅将二维码技术应用于公安、外交、军事等部门对各类证件的管理，而且也将二维码应用于海关、税务等部门对各类报表和票据的管理，商业、交通运输等部门对商品及货物运输的管理，邮政部门对邮政包裹的管理，工业生产领域对工业生产线的自动化管理。二维码的应用极大地提高了数据采集和信息处理的速度，改善了人们的工作和生活环境，为管理的科学化和现代化做出了重要贡献。

2. 原理

二维码这个由黑白小方块组成的图案，似乎成为我们生活中很重要的一部分。现在付钱需要去扫它，聊天软件相互加好友也需要扫它，登录账号也可以去扫它，总而言之，只要你去扫它总能得到你想要的东西。二维码中的黑白小方块儿究竟奇妙在哪里？为什么随便一扫总能给你带来所需要的东西？

简单来说，二维码其实是一种开放性的信息存储器，它能将固定的信息存储在自己的黑白小方块之间。而且它可以无限使用，对识别器没有任何要求，任何设备只要带扫一扫的功能，都可以将它所存储的信息读取出来。其实它的工作原理就跟商品外包装上底端的条形码是一样的，只不过条形码靠的是黑白条纹来存储。

虽然它们两者之间的原理相同，但条形码的信息存储量跟二维码相比要少很多，而且条形码只能进行最基本的信息存储。这主要是由于条形码只能在水平方向进行识别，而条形码的水平宽度有限，信息存储量拓展不开来。二维码则把黑白条纹改成黑白小方块，加大了信息的存储量。除此以外，在读取信息时可以同时从水平方向和垂直方向来读取，这样又可以加入更多的信息在二维码之中。

促使二维码出现的最根本的东西其实是二进制算法，二进制就是将所有的东西都能用机器语言 0 和 1 表达出来。世界上各种各样的语言文字至少有上千种，人可以通过学习别人的语言来进行翻译，但机器却不可以。

为了能让机器识别出不同的语言文字，科学家们将读音不同、意思相同的语言转换成数字编码，比如说英文的"one"和汉字的"一"是意思相同的，都可以由二进制编码"00000001"表示出来。换句话来说，二进制编码就是一切语言的翻译器，同样，我们可以在文字语言和机器语言之间相互转换。

二维码就是将我们能看懂的文字语言，以机器语言的形式存储起来。其中黑色小方块代表的是 1，白色小方块代表的是 0，黑白相间的图案其实就是一串编码，扫码的过程就是翻译这些编码的过程。值得注意的地方是，在它的边上都有三个大方块，这主要是起定位作用。三个点能确定一个面，这能保证我们在扫码时，不管手机怎样放置都能得到特定的信息。

3. 二维码的特点

（1）高密度编码，信息容量大：可容纳多达 1 850 个大写字母或 2 710 个数字或 1 108 个字节，或 500 多个汉字，比普通条码信息容量高几十倍。

（2）编码范围广：该条码可以把图片、声音、文字、签字、指纹等数字化的信息进行编码，用条码表示出来；可以表示多种语言文字；可表示图像数据。

（3）容错能力强，具有纠错功能：损毁面积达 50% 仍可恢复信息。

（4）译码可靠性高：它比普通条码译码错误率百万分之二要低得多，误码率不超过千万分之一。

（5）可引入加密措施：保密性、防伪性好。

（6）成本低，易制作，持久耐用。

（7）条码符号形状、尺寸大小比例可变。

（8）二维条码可以使用激光或CCD阅读器识读。

4. 二维码的应用范围

我们生活中接触的二维码一般都是商品和网页信息，有很多人使用二维码名片等，但二维码的用途不仅仅如此，它储存量大、保密性高、追踪性高、抗损性强、备援性强、成本便宜等特性特别适用于表单、安全保密、追踪、证照、存货盘点、资料备援等方面。

5. 二维码的生成

搜索二维码生成器，输入一个网址，点击生成二维码，在右边方框里面就生成一个二维码了，我们可以对二维码进行一系列的操作，比如背景颜色（背景颜色要搭配得当），如图1-3-23所示。若想进一步对其加工修饰，可以点击高级美化。各个编辑选项都可以试一下，找到自己满意为止。最后，用手机扫描一下试试吧，注意保护个人隐私。

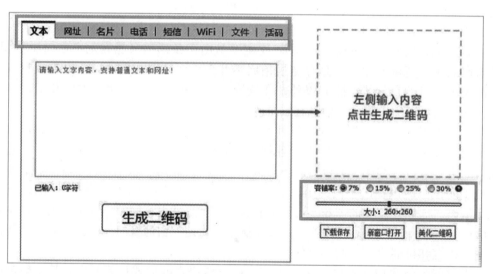

图1-3-23　生成二维码

（一）电子健康卡

1. 简介

电子健康卡通过建立以居民健康身份统一注册及主索引标识认证体系，引导居民主动持电子健康卡接受医疗健康服务，推动全省实名就医一卡（一码）通用，实现电子健康档案和电子病历的连续记录和信息共享。需要指出的是，对于电子健康卡二维码识读的创新应用也是需要借助专用的条码识读设备、二维码扫描器、二维扫描模组、二维码识别模块等硬件产品对医疗行业所配套的自助服务设备进行相应的升级，如借助可以扫描居民电子健康卡的嵌入式二维码扫描模块，为患者提供导诊、挂号、缴费、信息查询、检验检查报告打印等服务。由于居民自我健康管理的意识不强，电子健康卡推行的效果一直不是很理想。所幸的是，疫情防控的力度不断强化了防疫健康码的使用黏性，这反而给了电子健康卡一个绝佳的推广机遇。

在过去几年医改创新应用方面，得益于电子健康卡和二维码识读设备的普及应用，已打通"互联网＋医疗健康"服务新模式的自助终端设备均可支持二维码识别、医保电子凭证识别、医保卡识别等，信息化服务让市民可以随时享受到"无卡化"的就医体验，无须携带身份证、诊疗卡或银行卡，用自己的手机生成电子健康卡二维码，直接在医疗自助服务终端上的"扫码口"处轻轻一扫，即可完成门诊结算、挂号、药店买药、医保查询、参保登记等服务。

数秒内生成的一张健康码，本质上就是一场医疗信息化的集体练兵。在疫情防控进入常态化的今天，各地卫生信息主管部门也在不断探索，进一步挖掘电子健康卡的多种潜能。

2."46312"

电子健康卡，脱胎于"十三五"时期全民健康信息化的总体框架下，该框架可以简述为"46312"。

"4"代表4级卫生信息平台，分别是：国家级人口健康管理平台，省级人口健康信息平台、地市级人口健康区域信息平台及区县级人口健康区域信息平台；

"6"代表6项业务应用，分别是：公共卫生、医疗服务、医疗保障、药品管理、计划生育、综合管理；

"3"代表3个基础数据库，分别是：电子健康档案数据库、电子病历数据库和全员人口个案数据库；

"1"代表1个融合网络，即人口健康统一网络；

"2"是人口健康信息标准体系和信息安全防护体系。

3. 实现了电子健康卡和社保卡的互认融合

以社保卡、健康卡"互认融合、全省通用"为总目标，省卫健委、省人社厅通过平台信息交互，实现签发、卡认证等功能的关联调用。

例如，通过后台数据共享，实现电子社保卡和电子健康卡挂号、诊断、检查检验、取药和医疗费用结算等服务的全流程应用。

电子健康卡和社保卡属于两个不同的部门——卫健委和人社部。

国家卫健委颁布的《关于加快推进电子健康卡普及应用工作的意见》中就写道：积极推动电子健康卡（码）与电子医保卡（码）、电子银行卡（支付二维码）的"多卡（码）合一"集成应用，并结合探索区域共享网络支付平台建设，支撑基本医保、商业健康险及金融支付等医疗费用一站式结算，方便群众就医。

4. 后疫情时代的电子健康卡

完全可以作为一个总入口，有机地融合一系列便民惠民的医疗健康服务应用。电子健康码的推行，本质上就是一场医疗信息化的"破局"和"集体练兵"。而且，这不是任何一个"兵种"可以独立完成的事情——卫健委、公安部门、通信部门、疾控中心等协同作战，才是这次"防疫战役"的根本保证。

（二）健康码

健康码是2020年中国人的一项重大"发明"。在疫情最危急的时候，超市、商场、地铁、高铁……一切室内的公共场所，健康码成为每个人唯一的出行凭证。不要以为健康码是一个新事物，它的原型一直就存在，即电子健康卡。

1. 作用和意义

健康码的作用和意义是通过健康码的颜色，可以快速识别一个人是否途径疫情比较严重的省市，是否直接或间接接触过感染患者。然后通过大数据分析，可直接锁定并找到可能被感染的人群。

2. 健康码分为红黄绿三种颜色

（1）持绿码的，表示当前无症状，根据各地管理要求，可查验体温亮码通行。在通行管控或企业复工时，绿码人员可凭码通行和正常上班，领取红码和黄码的人员需按规定隔离并做好每日健康打卡，满足条件后将转为绿码。

（2）"红码"人员原则上予以劝返或延迟返回。"黄码"人员一律按规定实行居家或集中隔离观察。显示"绿码"，在亮码、测温后通过放行。

3. 健康码的申请

用户默认没有健康码，可以通过政务服务 App、政务大数据公众号、市民云、支付宝、微信扫码进行申请认领，申领个人专属健康码，做好每日健康打卡，系统将根据您的健康信息自动为您分配相应颜色的健康码。

二、识别

（一）人脸识别（Face Recognition）

实现了图像或视频中人脸的检测、分析和比对，包括人脸检测定位、人脸属性识别和人脸比对等独立服务模块，可为开发者和企业提供高性能的在线 API 服务，应用于人脸 AR、人脸识别和认证、大规模人脸检索、照片管理等各种场景。

（二）虹膜识别

是基于眼睛中的虹膜进行身份识别，应用于安防设备（如门禁等），以及有高度保密需求的场所。

人的眼睛结构由巩膜、虹膜、瞳孔、晶状体、视网膜等部分组成。虹膜是位于黑色瞳孔和白色巩膜之间的圆环状部分，其包含很多相互交错的斑点、细丝、冠状、条纹、隐窝等的细节特征。而且虹膜在胎儿发育阶段形成后，在整个生命历程中是保持不变的。这些特征决定了虹膜特征的唯一性，同时也决定了身份识别的唯一性。因此，可以将眼睛的虹膜特征作为每个人的身份识别对象。

任务3　计算机安全

一、计算机安全络概述

（一）病毒的定义

《中华人民共和国信息系统安全保护条例》中明确将计算机病毒定义为：编制或者在计算机程序中插入的破坏计算机功能或者毁坏数据，影响计算机使用，并能够自我复制的一组人为编制的计算机指令或程序代码。

计算机病毒都是人为故意编写的小程序。编写病毒的人，有的为了证明自己的能力，有的出于好奇，也有的因为个人目的没能达到而采取的报复方式等。对于大多数病毒制作者的信息，从病毒程序的传播过程中都能找到蛛丝马迹。

（二）计算机病毒的特征

（1）传染性：计算机病毒具有很强的再生机制，一旦计算机病毒感染了某个程序，当这个病毒程序运行时，病毒就能传染到这个程序有权访问的所有其他程序和文件。

（2）隐蔽性：病毒程序一般都设计得短小精悍，隐藏在正常程序之中，若不对其执行流程分析，一般不易察觉和发现。

（3）破坏性：计算机病毒的最终目的是破坏程序和数据，不论是单机还是网络，病毒程序一旦加到正在运行的程序体上，就开始搜索进行感染的程序，从而使病毒很快扩散到整个系统，造成灾难性后果。

（4）潜伏性：病毒程序入侵后，一般不立即产生破坏作用，但在此期间却一直在进行传染扩散，一旦条件成熟便开始进行破坏。

（5）可触发性：计算机感染病毒后，一般不会立即发作，只有满足特定的时间或者条件后，才会发作。

（三）计算机病毒的分类

常见的有以下三种分类方法。

（1）按病毒的寄生媒介，可以分为入侵型、源码型、外壳型和操作系统型四种类型。

（2）按病毒的表现，可以分为良性病毒和恶性病毒两种类型。

（3）按病毒感染的目标，可以分为引导型病毒、文件型病毒和混合型病毒三种类型。

二、计算机病毒的传播途径、危害识别及防治

（一）计算机病毒的传播途径

计算机病毒传播的主要途径是磁介质、网络和不可移动的硬件。

磁介质是传播计算机病毒的重要媒介。计算机病毒先是隐藏在介质上，当使用携带病毒的介质时，病毒便侵入计算机系统。硬盘也是传染病毒的重要载体，在被传染了病毒的机器上使用过的软盘也会感染上病毒。

网络可以使病毒从一个节点传播到另一个节点，使各个节点在极短时间内都染上病毒。

利用不可移动的硬件传播。这种传播概率很小，但危害很大，一般不可恢复。

（二）计算机病毒的危害及识别

1. 计算机感染病毒后的症状

（1）异常要求输入口令。

（2）程序装入的时间比平时长，计算机发出怪声，运行异常。

（3）有规律地出现异常现象或显示异常信息。如异常死机后又重新启动，屏幕上显示坏点等。

（4）计算机经常出现死机现象或不能正常启动。

（5）程序和数据丢失，文件名不能辨认。文件的大小发生变化。

（6）访问设备时发生异常情况，如磁盘访问时间比平时长，打印机不能联机或打印时出现乱码。

（7）磁盘不可用簇增多，卷名发生变化。

（8）发现不知来源的隐藏文件或电子邮件。

2.计算机病毒的破坏行为

计算机病毒的破坏行为主要有下面几种情况：

（1）破坏系统数据区。破坏系统数据区。破坏引导区，FAT 表和文件目录。具有这种杀伤力的病毒，是恶性病毒，被破坏的数据一般不容易恢复。

（2）破坏文件。例如：删除、改名、替换内容、颠倒内容，丢失部分内容，写入时间空白等。

（3）破坏内存。例如，占用大量内存，改变内存容量，禁止分配内存，蚕食内存等。

（4）破坏磁盘。例如，破坏磁盘，改变磁盘正常读写操作等。

（5）干扰系统运行。例如，干扰内部命令的执行，虚假报警更换当前盘，使系统时钟倒转，重启、死机等。

（6）扰乱屏幕显示。例如，使字符跌落、屏幕抖动、滚屏等。

（7）破坏 CMOS 数据。如计算机病毒能够对 CMOS 执行写入操作。

（8）干扰键盘正常工作。例如，锁键盘、换字、重复输入等。

（9）计算机喇叭发出异常响声。

（三）计算机病毒的防治

从发现计算机病毒的那一天起，人们就没有停止过对计算机病毒防治技术的研究和开发，至今已硕果累累。

1.计算机病毒的预防

对于计算机病毒必须以预防为主。因此，应注意采取以下预防措施，切断病毒的传播途径：

（1）养成良好的上网习惯，不登录不良网站，不接收来路不明的电子邮件。

（2）不要接入没有密码的无线网络；下载软件时选择官方或大型软件下载网站。

（3）使用移动存储设备前先查毒，杀毒。

（4）使用正版的光盘软件。

（5）安装杀毒软件，防火墙、更新系统补丁。

（6）重要数据及时备份。

（7）定期对磁盘做检查，及时发现病毒，消除病毒。

2.计算机病毒的检测和消除

发现机器感染了病毒，若在网上，应使机器脱离网络。发现病毒后，应使用未被感染过的备份软件重新启动机器；感染严重，可考虑将其低级格式化，再做高级格式化，以彻底清除病毒。然后运行 DOS 中的 SYS 命令，重写入 BOOT 区。如果 COMS 内存区被感染，则应将主板上的电池取下，以清除此区域中的病毒。

利用市场上的查杀病毒软件进行消除，如 KV3000、瑞星杀毒软件、Kill、IBM 病毒防火墙、金山毒霸等。下面以 360 安全卫士为例展示如何对磁盘进行检查。如图 1 - 3 - 26 所示为 360 安全卫士查杀病毒。

（1）启动 360 安全卫士，选择木马查杀，如图 1 - 3 - 24 ①处。

（2）可以选择快速查杀，或者全盘查杀，如图 1 - 3 - 24 ②③处。

（3）全盘查杀过程，如图 1 - 3 - 24 ④处。

图 1 - 3 - 24 360 安全卫士查杀病毒

模块 2

信息化办公

微软 Office 办公软件

任务 1　Office 2016 新功能介绍

Microsoft office 是当前世界上应用最广泛的办公软件，通常用年份表示其版本，版本越高，功能越强，图 2-1-13 所示为其多种版本。

图 2-1-1　Office 版本

一、Office 2016 新功能介绍

1. 增加智能搜索框

在 Word 2016、Excel 2016 与 PowerPoint 2016 功能区上增加了智能搜索框——"告诉我你要做什么"/"操作说明搜索"，这一搜索栏（实际上就是 2013 "帮助"的升级版，更为人性化），如图 2-1-2 所示。你可以快速获得想要使用的功能和想要执行的操作，还可以获取相关的帮助，更人性化和智能化。

——告诉我：四分之一屏的时候会出现，如图 2-1-2 所示①处。

——操作说明搜索：半屏以上的时候会出现，如图 2-1-2 所示②处。

图 2-1-2　智能搜索框

2.新增六个图表类型

在 Office 2016，添加了六个新的图表，可帮助创建一些最常用的数据可视化的财务或层次结构的信息；展示统计数据中的属性。新增图表如图 2-1-3 所示，特别适合于数据可视化。

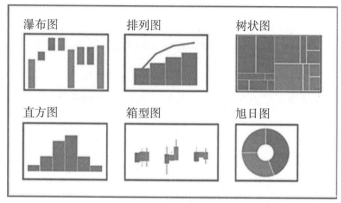

图 2-1-3　新增六个图表类型

3.智能查找

当你选择某个字词或短语，右键单击它，并选择智能查找，窗格将打开定义，定义来源于维基百科和网络相关搜索。

4.墨迹公式

输入各种公式的利器。"插入"→"公式"→"墨迹公式"，可以输入任何复杂的数学公式。如果你有一个触摸设备，可以使用你的手指或触摸手写笔手写数学方程，会将其转换为文本。

5.简单共享

在云中共同编辑文档。在各种"云"大行其道的当前，在 Office 2016 中，也引入了"云"的操作：用户可以打开 OneDrive 中的文档，或者将文档保存到 OneDrive 中去。

选择要与其他人共享你的 Office，可以点击功能区最右边的"共享"选项卡。也可以在"文件"→"共享"中进行操作，如图 2-1-4 所示。

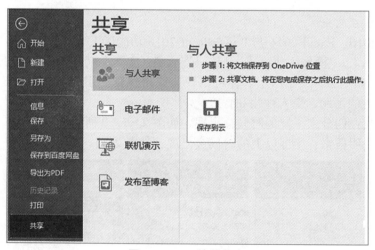

图 2-1-4　简单共享

无法共享操作时，先注册，创建账户，登录后就可以了。

6. Office 主题的更多选择

打开一个空白的 Word 2013 文档（Excel 2013、PPT 2013 都是一样的），此时可以看出，系统默认的主题是白色，默认背景为无。想要更改主题则需在"文件"→"账户"→"Office 主题"下进行设置。

而 Office 2016 有三种可应用的主题：彩色、深灰色、白色。而彩色是默认的主题颜色。若要访问这些主题，可以点击"文件"→"账户"→"Office 主题"，然后单击 Office 主题旁边的下拉菜单进行选择，如图 2-1-5 所示。

图 2-1-5　Office 2016 三种可应用的主题

7. 改进的智能参考线

插入表格，智能参考线将不再关闭，可以确保所包含的表格在幻灯片上正确对齐，如图 2-1-6 所示。

8. 增加了屏幕录制功能

PowerPoint 2016"插入"栏增加了"屏幕录制"功能，如图 2-1-7 所示。顾名思义，用来录制屏幕视频，相当实用的一个新增功能。可以选择录制区域、音频以及录制指针，录制完毕以后按 Win+Shift+Q，视频将自动插入 PPT 中。

图 2-1-6　智能参考线

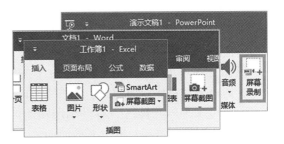

图 2-1-7　屏幕录制

选择插入→屏幕录制（Word 2016、Excel 2016 中可以屏幕截图，在 PowerPoint 2016 中既可以屏幕截图，也可以进行屏幕录制），也可以插入事先准备好的录制内容。

亮点：录制出来的视频帧数率小、码率大、文件小、视频高清。

9. 增加了多窗口显示功能

此功能在之前的版本中没有，只在 WPS 版本中有此功能，非常实用，避免了来回切换 Word 的麻烦，直接在同一界面中就可以选取。

（1）在计算机的 Word 2016 程序图标上双击鼠标左键，将其打开运行。在打开的 Word 程序界面，点击"空白文档"选项，新建一个空白的 Word 文档。

（2）在 Word 文档程序界面，编辑 2 页以上内容。

（3）接着打开"视图"菜单选项卡，在视图菜单选项卡中，点击"显示比例"功能区的"多页"选项按钮，如图 2 - 1 - 8 所示。

（4）点击多页后，这个时候 Word 会自动调整显示多页页面窗口。

（5）如果不需要显示多页，点击"显示比例"功能区的"100%"选项按钮。

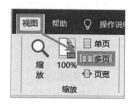

图 2 - 1 - 8 多页

二、学会隐藏或显示功能区和命令

为了查阅时能够一目了然，并使 Office 界面显示更多文档内容，可根据个人需要将 Office 界面上方的功能区和命令暂时隐藏，方便对 Office 文档的查阅。下面以 Word 2016 为例详细介绍隐藏或显示功能区和命令的两种方法。

方法一：

Word 2016 为快速实现功能区的最小化提供了一个"折叠功能区"按钮，单击该按钮，即可将功能区隐藏起来，如图 2 - 1 - 9 所示。

想要再次显示功能区，单击"功能区显示选项"按钮，在弹出的菜单中选择"显示选项卡和命令"选项，即可将功能区再次显示出来，如图 2 - 1 - 10 示。

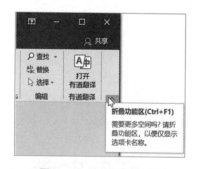

图 2 - 1 - 9 折叠功能区

图 2 - 1 - 10 功能区显示选项

方法二：

鼠标右键单击功能区中的任意一个按钮，在弹出的快捷菜单中选择"折叠功能区"命令，即可将功能区隐藏起来，如图 2 - 1 - 11 所示。

若要再次显示功能区，右键单击功能区中的任意一个标签，在弹出的快捷菜单中选择"折叠功能区"选项，取消其前面的"√"标志，功能区即可重新显示，如图 2 - 1 - 12 所示。

图 2-1-11 快捷菜单"折叠功能区"　　　图 2-1-12 功能区重新显示

三、功能区提示信息的设置方法

Office 2016 为用户提供了屏幕提示功能，可以方便用户在使用时查看功能区中各个按钮的功能。将鼠标放置于功能区的某个按钮上，即可显示该按钮的有关操作信息，包括按钮名称、快捷键和功能介绍等内容。这个屏幕提示是可以设置其显示或隐藏的，下面以 Word 2016 为例介绍功能区提示信息具体操作方法。

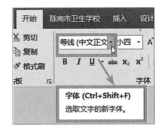

图 2-1-13 功能提示信息

方法步骤：

将鼠标放置于功能区的某个按钮上，即可看到功能提示信息，如图 2-1-13 所示。

单击"文件"按钮，选择"选项"选项，打开"Word选项"对话框，在"屏幕提示样式"下拉列表中选择"不在屏幕提示中显示功能说明"选项。单击"确定"按钮即可取消屏幕提示中的显示功能说明，此时将鼠标放置于功能区按钮上时，只会显示按钮名称和快捷键，如图 2-1-14 所示。

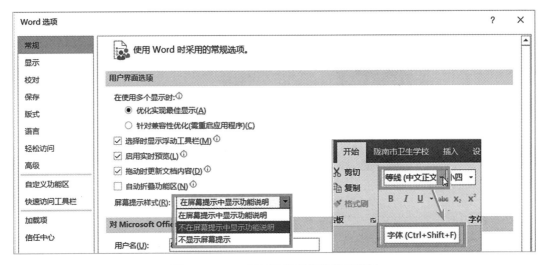

图 2-1-14 只显示按钮名称和快捷键

在"屏幕提示样式"下拉列表中选择"不显示屏幕提示"选项，单击"确定"按钮后，功能区按钮的屏幕提示功能将被取消，如图 2-1-15 所示。

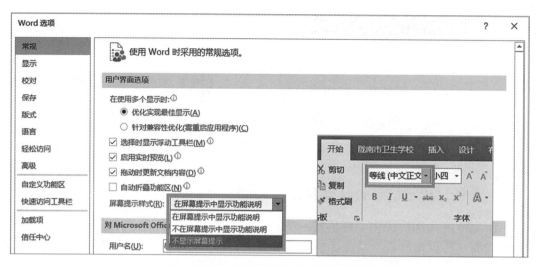

图 2－1－15　取消功能区按钮的屏幕提示

四、选项

1.自定义功能区

自定义功能区是指对功能区的选项卡、组和命令按钮进行自行定义、添加或删除。通过自定义功能区，用户可以在用户界面增加新的选项卡与功能组，将自己常用的一些功能命令放在一个选项卡或组中集中管理。下面以 Word 2016 自定义功能区为例，介绍功能区显示信息的设置方法。

方法步骤：

（1）"文件"→"选项"→"自定义功能区"，如图 2－1－16 所示。

图 2－1－16　打开"自定义功能区"

（2）在选项区／功能区，任意地方点右键→"自定义功能区"→"Word 选项"→选择"自定义功能区"进行操作，如图 2－1－17 所示。

2.调整分组位置

（1）让"编辑"功能区移动到"剪切板"功能区的后面。

图 2-1-17　选项区/功能区右键打开"自定义功能区"

（2）在打开的"Word 选项"中，选择"自定义功能区"右侧的"主选项卡"下方的要移动的项，点击"上移"，移动到合适位置后"确定"，如图 2-1-18 所示。

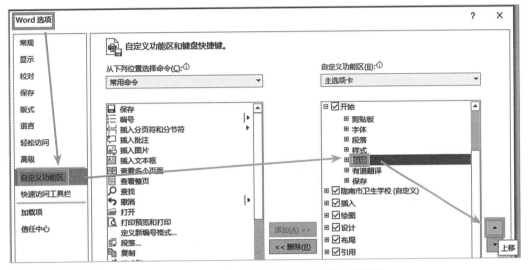

图 2-1-18　自定义功能区"上移"的操作

（3）可以看到最初在右边的编辑移动到左边"剪贴板"的后面了，如图 2-1-19 所示。

图 2-1-19　效果图

3. 标签（选项卡）相关操作

（1）显示/隐藏：打勾的在选项卡上有显示，单击取消勾选在选项卡上就隐藏了，如图 2-1-20 ①所示。

（2）移动位置，如图 2-1-20 ②所示。

（3）增加（新建）选项卡和组同时往分组中添加命令。

1）在"开始"后面新建一个"陇南市卫生学校"的选项卡，给"新建选项卡"进行"重命名"，如图 2-1-21 ①~④所示。

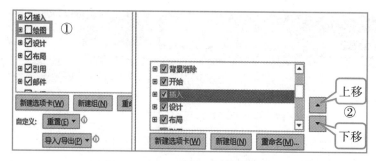

图 2 - 1 - 20　显示 / 隐藏选项卡

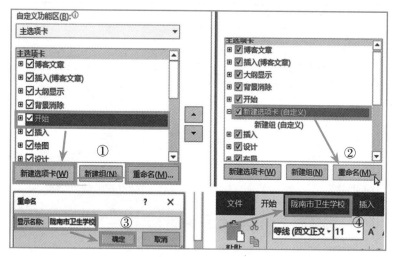

图 2 - 1 - 21　给"新建选项卡"进行"重命名"

2）增加的组前面无加减号，可以添加个性化的命令，如图 2 - 1 - 22 所示。

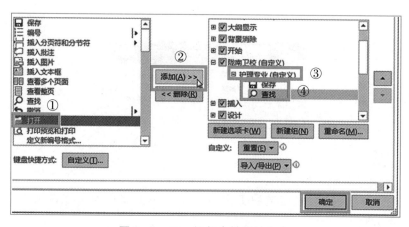

图 2 - 1 - 22　添加个性化的命令

3）"新建组"之后选择所需的符号，输入显示名称，确定即可。步骤如图 2 - 1 - 23 ①～④所示。

4）新建组名称及添加的命令，如图 2 - 1 - 23 图⑤所示。

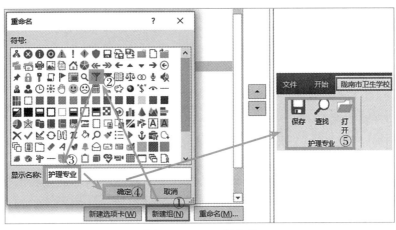

图 2 – 1 – 23 新建组

4. 导出和导入自定义的设置

（1）导出：当前电脑中的 Officer 2016 中有对功能区自定义，如图 2 – 1 – 24 所示。

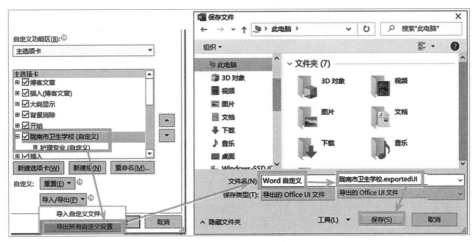

图 2 – 1 – 24 导出

（2）导入：把前面导出的文件用 U 盘或其他方法，移动到另一台电脑上，就可以导入自己自定义的设置。步骤如图 2 – 1 – 25 所示。

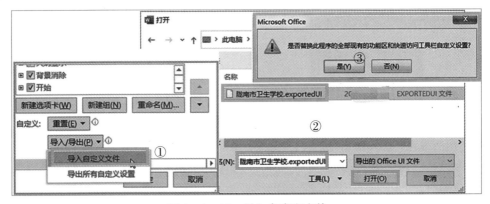

图 2 – 1 – 25 导入自定义文件

一、文档窗口

1. 标题栏

标题栏位于窗口最顶部。显示当前应用程序名、文件名等，在许多窗口中，标题栏也包含程序图标、"最小化""最大化""还原"和"关闭"按钮，可以简单地对窗口进行操作。

标题栏位于程序界面的顶端，用于显示当前应用程序的名称和正在编辑的演示文稿名称。标题栏右侧有 4 个控制按钮，最左侧功能区显示选项，后面 3 个用来实现程序窗口的最小化、最大化（或还原）和关闭操作，如图 2 - 1 - 26 ① 所示。

图 2 - 1 - 26　标题栏、快速访问工具栏、功能区显示选项

（1）快速访问工具栏。

默认状态下，快速访问工具栏位于程序主界面的左上角。快速访问工具栏中包含了一组独立的命令按钮，使用这些按钮，操作者能够快速实现某些操作，如图 2 - 1 - 26 ② 所示。

（2）功能区显示选项。

为了查阅时能够一目了然，并使 Office 界面显示更多文档内容，可根据个人需要将 Office 界面上方的功能区和命令暂时隐藏，方便对 Office 文档的查阅，如图 2 - 1 - 26 ③ 所示。下面以 Word 2016 为例详细介绍隐藏或显示功能区和命令的两种方法。

方法 1：Word 2016 为快速实现功能区的最小化提供了一个"折叠功能区"按钮，单击该按钮，即可将功能区隐藏起来，如图 2 - 1 - 27 所示。想要再次显示功能区，单击"功能区显示选项"按钮，在弹出的菜单中选择"显示选项卡和命令"选项，即可将功能区再次显示出来，如图 2 - 1 - 28 所示。

图 2 - 1 - 27　折叠功能区

图 2 - 1 - 28　显示选项卡和命令

方法 2：鼠标右键单击功能区中的任意一个按钮，在弹出的快捷菜单中选择"折叠功能区"命令，即可将功能区隐藏起来，如图 2-1-29 所示。若要再次显示功能区，右键单击功能区中的任意一个标签，在弹出的快捷菜单中选择"折叠功能区"选项，取消其前面的"√"标志，功能区即可重新显示，如图 2-1-30 所示。

图 2-1-29　功能区隐藏

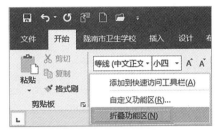

图 2-1-30　快捷菜单 – 折叠功能区

2. 选项卡

位于标题栏的下方，默认由文件、开始、插入、页面布局、公式、数据、审阅、视图以及新增加的"告诉我你想做什么"的输入框，共计 9 个选项卡组成。一个选项卡分为多个功能区，每个功能区又有多个命令，如图 2-1-31 所示。

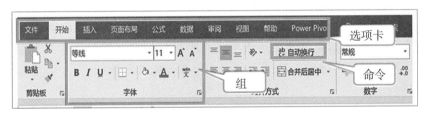

图 2-1-31　选项卡

显示或隐藏功能区主要有四种方法，如图 2-1-32 所示。

图 2-1-32　显示或隐藏功能区的方法

方法 1：单击功能区右下角的"折叠功能区"按钮，即可将功能区隐藏起来。

方法 2：单击功能区右上方的"功能区显示选项"按钮，在弹出的菜单中选择"显示选项卡"，可将功能区隐藏，选中"显示选项卡和命令"选项，即可将功能区显示出来。

方法 3：将光标放在任一选项卡上，双击鼠标，即可隐藏或显示功能区。

方法 4：使用快捷键 Ctrl+F1，可隐藏或显示功能区。

3. 功能区（菜单栏）

菜单栏实际是一种树形结构，为大多数功能提供入口。点击以后，即可显示菜单项。菜单栏是按照程序功能分组排列的按钮集合，在标题栏下的水平栏。通常有"文件、插入、视图、帮助、搜索"等选项。菜单栏位于标题栏下方，由"文件""开始""插入""设计""布局"等 9 个选项组成。

4. 工具栏

工具栏向用户提供常用命令的快捷方式。在菜单中都能找到与它们相应的命令。熟悉工具栏使用，比从菜单栏中找要更快捷。比如：Microsoft Word2003 中随便选择一个菜单项——"开始"，其中包含大量的工具，比如字体中的加粗、倾斜、下划线等，段落中的编号、文本对齐方式等。

5. 状态栏

如果需要改变状态栏显示的信息，在状态栏空白处单击鼠标右键，从弹出的快捷菜单中选择自己需要显示的状态，比如选择"行号"，前面有对钩的状态就会显示在状态栏中。

6. 标尺、显示比例

（1）标尺。

Microsoft Office、Word、PPT 软件中的标尺包括水平标尺和垂直标尺，用于显示文档的页边距、段落缩进、制表符等。在页面视图中，文档无标尺，点击选项卡"视图"选项卡下的"显示"功能里的"标尺"即可。

（2）缩放（显示比例）。

显示比例用于在 Word、Excel、PowerPoint 等 Office 软件窗口中调整文档窗口的大小，显示比例仅调整文档窗口的显示大小，并不会影响实际的打印效果。显示比例，它在"缩放"选项卡，在"缩放"功能区分组中单击"缩放"按钮。

方法步骤：

方法 1：

（1）打开文档窗口，切换到"视图"功能区。在"缩放"分组中单击"缩放"按钮。

（2）在打开的"缩放"对话框中，用户既可以通过选择预置的显示比例（如 75%、页宽）设置页面显示比例，也可以微调百分比数值调整页面显示比例。

方法 2：还可以通过拖动状态栏上的滑块放大或缩小显示比例，调整幅度。

方法 3：也可以按住 Ctrl+ 鼠标滚轮上下进行放大或缩小显示比例。

7. 设置文字格式

在"开始"选项卡的"字体"功能区进行设置。可以使用选项卡"字体"中的"字体"和"字号"菜单来设置文字字体与字号，同时也可以进入"字体"对话框中，对文字字体与字号进行设置，以 Word 为例。

方法 1：通过选项组中的"字体"和"字号"列表设置。

方法步骤：

（1）打开 Word 文档，选中要设置的文字，在功能区中切换至"开始"选项卡，在"字体"选项组中单击"字体"下拉菜单，展开字体列表，用户可以根据需要来选择设置的字体。

（2）在"字体"选项组中单击"字号"下拉菜单，展开字号列表，用户可以根据需要来选择设置的字号。

方法 2：使用"增大字体"和"缩小字体"来设置文字大小。

方法步骤：

（1）打开 Word 文档，选中要设置的文字，在功能区中切换至"开始"选项卡，在

"字体"选项组中单击"增大字体"按钮，选中的文字会增大一号，用户可以连续单击该按钮，将文字增大到需要设置的大小为止，如图 2 - 1 - 33 所示。

（2）如果要缩小字体，单击"缩小字体"按钮，选中的文字会缩小一号，用户可以连续单击该按钮，将文字缩小到需要设置的大小为止，如图 2 - 1 - 34 所示。

图 2 - 1 - 33　增大字体

图 2 - 1 - 34　缩小字体

方法 3：通过"字体"对话框设置文字字体和字号。

方法步骤：

（1）打开 Word 文档，选中要设置的文字，在功能区中切换至"开始"选项卡，在"字体"选项组中单击按钮，打开"字体"对话框。

（2）在对话框中的"中文字体"框中，可以选择要设置的文字字体，如"华文行楷"，接着可以在"字号"框中，选中要设置的文字字号，如"三号"字，如图 2 - 1 - 35 所示。除此之外，还可以对文字字形、颜色等进行设置，设置完成后，单击"确定"按钮，如图 2 - 1 - 35 所示。

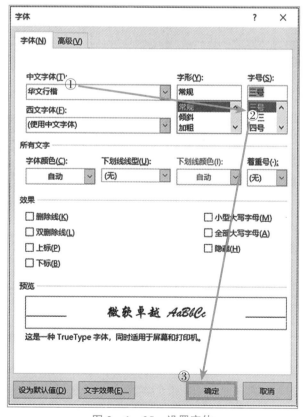

图 2 - 1 - 35　设置字体

（3）设置的文字字体和字号应用到选中的文字，查看设置完成后的字体效果，如图 2 - 1 - 36 所示。

二、"文件"选项卡

"文件"按钮代替了以前版本的"文件"菜单或 Office 按钮，它位于 Excel 2016 程序的左上角。与单击 Microsoft Office 早期版本中的"文件"菜单或 Office 按钮后显示的命令一样，切换到"文件"选项卡，也会显示许多基本命令，如"打开""保存"和"另存为"等。

"文件"选项卡分为 3 个区域，如图 2 - 1 - 37 所示。左侧区域为命令选项区，该区域列出了与文档有关的操作命令选项。在这个区域选择

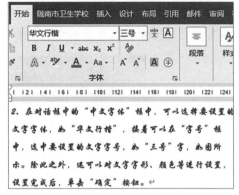

图 2 - 1 - 36　效果图

某个选项后，中间区域将显示该类命令选项的可用命令按钮。在中间区域选择某个命令选项后，右侧区域将显示其下级命令按钮或操作选项。右侧区域也可以显示与文档有关的信息，如文档属性信息、打印预览或预览模板文档内容等。

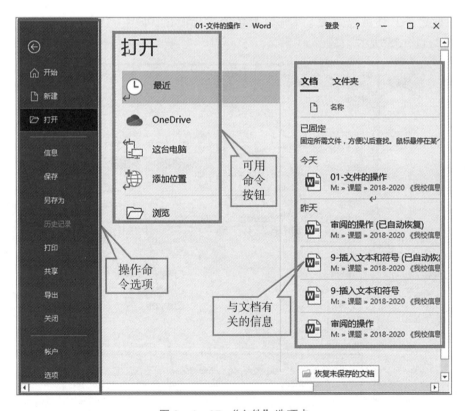

图 2 - 1 - 37　"文件"选项卡

"开始"上面有一个被圆圈框住的向左的箭头，单击它可以返回，继续编辑文档。

"文件"与其他选项卡不同，包括新建、打开、信息、保存、另存为、打印、共享、

导出、关闭、账户、反馈和"选项"选项卡。

在 Office 2016 中，"文件"按钮位于文档窗口的左上角。单击"文件"按钮可以打开"文件"窗口，其中包括"开始""新建""打开""信息""保存""另存为""历史记录""打印""共享""导出""关闭""账户"和"选项"选项卡共 13 项。以 Word 主选项卡的常用功能为例逐一介绍打开 Word 选项的方法如下：

选项卡位于 Office 屏幕顶端的带状区域，它包含了用户使用 Office 程序时需要的几乎所有功能。例如 Word 2016 有文件、开始、插入、设计、布局、引用、邮件、审阅、视图 9 个主选项卡。

（1）"文件"→"选项"。

（2）任意菜单项单击右键→"自定义功能区"，如图 2-1-38 所示。

图 2-1-38 自定义功能区

1.新建的操作

用于创建一个新的 Excel 工作簿。当用户编辑完一个工作簿，想在新的工作簿中重新录入数据时，可以使用"新建"命令创建一个新的工作簿。

方法 1：单击桌面左下角"开始"按钮，找到选择所需程序打开即可。

方法 2：创建空白文档："文件"→"新建"→"空白文档"。

在"文件"选项卡弹出的界面中选择"新建"选项，在"新建"对话框中选择"空白文档"选项即可。

方法 3：从模板创建文档："文件"→"新建"→单击模板→"创建"。

方法 4：在桌面空白的地方，鼠标右键点"新建"，创建一个空白文档，写好文件名，再打开空白文档进行输入内容即可。

方法 5：快捷键 Ctrl+N（New）。

打开 Word 文档后创建新的文档快捷键是 Ctrl+N，新建文档的方法在 Office 的各个版本基本相同。

2. 打开

用于打开用户已经存档的工作簿，要对以前的工作簿进行更改或查看时可以使用"打开"命令。

（1）在我的电脑找到 word 文档双击直接打开。

方法步骤：

1）双击"打开"。

2）单击右键，在快捷方式中单击"打开"。

（2）"文件"→"打开"。

方法步骤：

1）最近：展示最近打开的文件。

2）OneDrive：打开云盘。

用户可以打开 OneDrive 中的文档，或者将文档保存到 OneDrive 中去。

OneDrive 是微软旗下的云存储服务。Office 2016 是首个正式支持编辑存储在 OneDrive 上文件的版本。此外，用户通过 Word 2016 打开存储于 OneDrive 上的文件后，同时赋予两位用户以编辑权限，当两位用户接受之后，Word 2016 就会自动分享和提示双方的变动。其中一方用户还能看到一个彩色的光标提示另一位的当前状态。

用户使用 Microsoft 账户注册 OneDrive 后就可以获得 7G 的免费存储空间，需要更大的存储空间则需要购买。

3）这台电脑：打开电脑的某一个位置，右侧显示之前操作过的位置，单击打开即可。

4）添加 / 浏览位置：可以添加 / 浏览位置以便更加轻松地将 Office 文档保存到云。

5）快捷键：Ctrl+O（Open）。

进行快捷键操作 Ctrl+O 之后会自动跳到"文件"→"打开"，按照之前操作打开即可。

3. 信息

用于显示有关工作簿的信息，如工作簿的大小、标题、类别、创建时间和作者等，并且可以设置工作簿的操作权限。

（1）保护文档。

始终以只读方式打开：对文档进行单纯的阅读，并不进行修改，如图 2 - 1 - 39 ①所示。

1）设置只读方式：

方法 1：打开 Word 后在最上面有一个"只读"的标示。编辑这个 Word 是没有问题的，但是编辑完了是没法保存并覆盖之前的文件的，只能重新命名了，如图 2 - 1 - 40 所示。

方法 2：在打开的 Word 2016 文档程序窗口，点击左侧"文件"菜单，点选"打开"，点选"浏览"选项，接着在打开的对话框中，找到存放 Word 文档文件的目录，选中要打开的 Word 文档，然后点击"打开"这个对话框下方"工具"按钮旁的倒三角下拉按钮，在弹出的列表菜单中选中"以只读方式打开 ©"选项点击它，如图 2 - 1 - 41 所示。

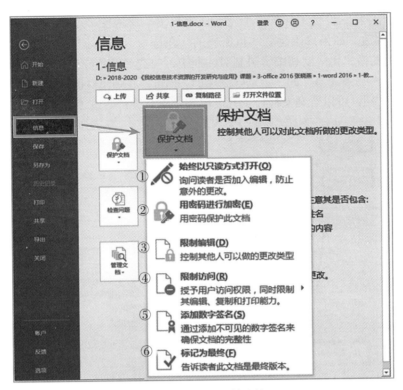

图 2 - 1 - 39　保护文档

图 2 - 1 - 40　只读

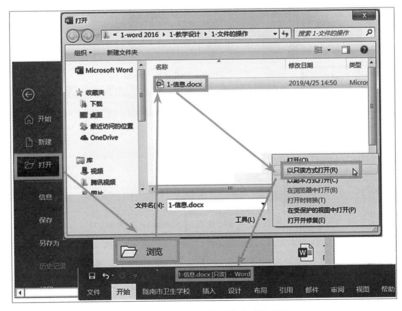

图 2 - 1 - 41　以只读方式打开

方法 3：用户特意设置了保护，加密后成为只读。这种保护就是用户特意设置的，不让其他人随便修改，如果修改是要知道密码的。在选项卡的"审阅"→"保护"→"限制编辑"，在弹出的格式化限制和编辑限制对话框中，勾选"仅允许在文档中进行此类型的编辑"→"修订"→选择下方"是，启动强制保护"即可。在弹出对话框中，设置好权限密码，我们再次打开文档，可以看到文档处于只读模式，不能进行修改了，如图 2-1-42 所示。

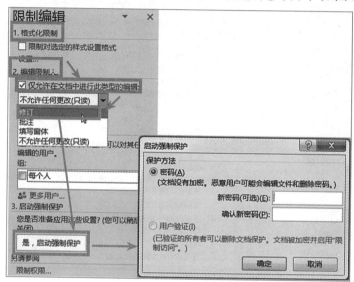

图 2-1-42　启动强制保护

2）取消只读方式：

方法 1：单击该文件夹，然后点击鼠标右键，选择"属性"，取消勾选"只读"，然后点击确定即可，如图 2-1-43 所示。

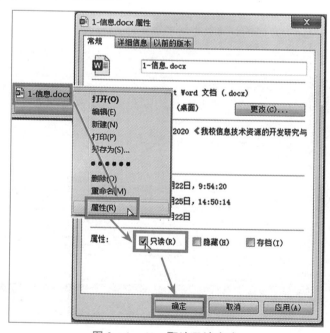

图 2-1-43　取消只读方式

方法 2：为 Office 设置受信任位置，以后只要文件是在信任位置上的，也就不会再出现只读情况了（"文件"→"选项"→"信任中心"→"信任中心设置"→"受信任位置"），如图 2-1-44 所示。允许网络上的受信任位置，这项选择微软是不推荐的，除非有特殊用途。

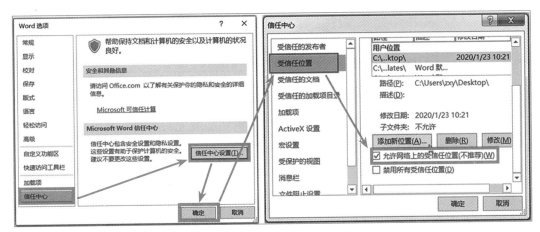

图 2-1-44 设置受信任位置

方法 3：点击"文件"→"选项"→"高级"→"保存"→取消"允许后台保存"前面的勾，如图 2-1-45 所示。文件要另存为其他位置或同一位置不同名即可。然后关掉 Word 文档右键属性查看只读状态没有勾选就可以了。

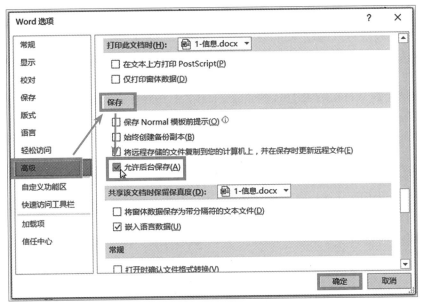

图 2-1-45 取消"允许后台保存"前面的勾

方法 4：如果要在审阅模式下去除只读模式的话，会有"停止保护"的按钮，点击处理，然后，输入密码之后，同一位置另存为不同名的文件，或不修改文件名，另存在不同位置就可以去除只读模式了，如图 2-1-46 所示。

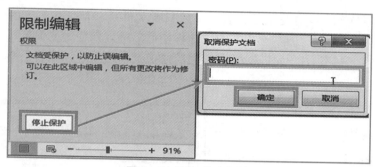

图 2 - 1 - 46　停止保护

（2）用密码进行加密。

就是对 Office 文档设置密码保护，但密码保护功能最大的问题就是用户自己也容易忘记密码。一旦忘记密码，只能使用 Advanced Office Password Recovery 等第三方工具进行密码破解，有可能会损坏文档。

（3）限制编辑。

限制编辑功能提供了三个选项：格式设置限制、编辑限制、启动强制保护。格式设置限制可以有选择地限制格式编辑选项，我们可以点击其下方的"设置"进行格式选项自定义；编辑限制可以有选择地限制文档编辑类型，包括"修订""批注""填写窗体"以及"不允许任何更改（只读）"，假如我们制作一份表格，只希望对方填写指定的项目、不希望对方修改问题，就需要用到此功能，我们可以点击其下方的"例外项（可选）"及"更多用户"进行受限用户自定义；启动强制保护可以通过密码保护或用户身份验证的方式保护文档，此功能需要信息权限管理（IRM）的支持。

（4）按人员限制权限。

按人员限制权限可以通过 Windows Live ID 或 Windows 用户账户限制 Office 文档的权限。我们可以选择使用一组由企业颁发的管理凭据或手动设置"限制访问"对 Office 文档进行保护。此功能同样需要信息权限管理（IRM）的支持。如需使用信息权限管理（IRM），我们必须首先配置 Windows Rights Management Services 客户端程序。此程序已经包含于 Windows 7/Vista 系统，Windows XP 系统需要单独下载安装。

（5）添加数字签名。

添加数字签名也是一项流行的安全保护功能。数字签名以加密技术作为基础，帮助减轻商业交易及文档安全相关的风险。如需新建自己的数字签名，我们必须首先获取数字证书，这个证书将用于证明个人的身份，通常会从一个受信任的证书颁发机构（CA）获得。如果我们没有自己的数字证书，可以通过微软合作伙伴 Office Marketplace 处获取，或者直接在 Office 中"插入""签名行"或"图章签名行"，如图 2 - 1 - 47 所示。

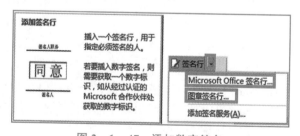

图 2 - 1 - 47　添加数字签名

（6）标记为最终状态。

标记为最终状态可以令 Word 文档标记为只读模式，Office 在打开一个已经标记为最终状态的文档时将自动禁用所有编辑功能。不过标记为最终状态并不是一个安全功能，任何人都可以以相同的方式取消文档的最终状态。标记为最终状态只适合糊弄菜鸟以及防止用户无意的按键对文档进行不经意的修改，并不适合保护重要的文档。

图 2-1-48　检查文档检查问题

2. 检查文档

检查文档包括：检查文档、检查辅助功能、检查兼容性，如图 2-1-48 所示。

（1）检查文档：检查是否有隐藏的属性或个人信息，如图 2-1-49 所示①处。

（2）检查辅助功能：检查文档中是否有残疾人士可能难以阅读的内容，如图 2-1-49 所示②处。

（3）检查兼容性：检查是否有早期版本的 Word 不支持的功能，如图 2-1-49 所示③处。

图 2-1-49　检查文档

3. 管理文档

恢复未保存的文档，浏览最近未保存的文件。

4. 保存/另存为

保存：用于将用户创建的工作簿保存到硬盘驱动器上的文件夹、网络位置、磁盘、CD、桌面或其他存储位置。

另存为：用于将文件按用户指定的文件名、格式和位置进行保存。如果用户要保存的文件之前从未进行过保存，则用户单击"保存"命令时将弹出"另存为"对话框。

（1）单击"快速访问工具栏"的保存按钮：单击左上角的保存按钮，文档名为默认"文档1"，首次保存时点开左上角"保存"按钮时，就会跳到"文件"的"另存为"。

（2）"文件"→"保存"。

1）在"另存为"进行操作时，在出现的对话框中定好保存位置，接着输入文档名，选择文件类型（这里选择 .doc），单击"保存"后，文档标题就变成修改后的名字了，如图 2 - 1 - 50 所示。

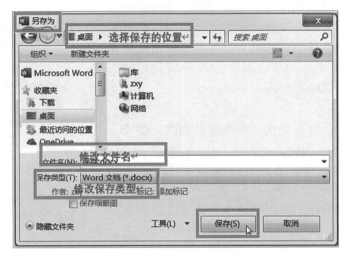

图 2 - 1 - 50　另存为

2）在有文档名的情况下，按"保存"按钮则会保存那些之前保存后编辑修改的新内容。

3）在有文档名的情况下，按"另存为"按钮则会把所有的内容存为另一个文档。按"保存"按钮之后，与之前的文档名字不同，但里面的内容是相同的。

（3）快捷键：Ctrl+S（Save）。

5. 历史记录

（1）最近 / 今天的记录。

打开 Word 2016 文档，在左边上角处，点击"文件"。选择"文件"→"打开"，可以看到中间的"最近"和右下方的"今天"的记录，如图 2 - 1 - 51 所示。

（2）不显示历史记录。

选择" Word 选项"→"高级"，可以看到更详细的设置。"使用 Word 时采用的高级选项"→再往下拉看到"显示"，可以看到显示此数目的"最近使用的文档（R）"的数量显示为 25。把 25 改成 0，选择"确定"。这样 Word 2016 的历史记录就不会显示了。返回"文件"→"打开"，查看右边的历史记录就不会显示了，如图 2 - 1 - 52 所示。

图 2 - 1 - 51　今天的记录

图 2 - 1 - 52　不显示历史记录

6. 打印

用于设置文档的打印范围、份数、页边距以及使用的纸张大小，如图 2 - 1 - 53 所示。

（1）预览文档。

在"文件"菜单上，单击"打印"，若要预览每个页面，请单击预览底部的箭头向后翻页，如图 2 - 1 - 53 所示（1）处。

（2）打印份数：根据需要决定份数，如图 2 - 1 - 53 所示（2）处。

（3）打印机：添加打印机，如图 2 - 1 - 53 所示（3）处。

（4）设置：如图 2 - 1 - 53 所示（4）处。

1）打印所有页，如图 2 - 1 - 53 所示①处。

2）单 / 双面打印，如图 2 - 1 - 53 所示②处。

图 2 - 1 - 53　打印设置

单面打印：仅在纸面的一侧上进行打印。

手动双面打印：在提示打印第二面时重新加载纸张。

3）对照：前者是多份打印时，按页码顺序打印，后者是指每页打印完多份后再打印下一页，如图 2 - 1 - 54 ③处。

注意：逐份打印（对照）由于装订比较方便，一般用得比较多。当文档只有 1 页时，"逐份打印"和"逐页打印"是一回事。

4）纸张方向：默认为纵向：（同"布局"→"页面设置"→"纸张方向"），如图 2 - 1 - 54 所示④处。

5）纸张大小：默认为 A4：（同"布局"→"页面设置"→"纸张大小"），如图 2 - 1 - 55 所示①处。

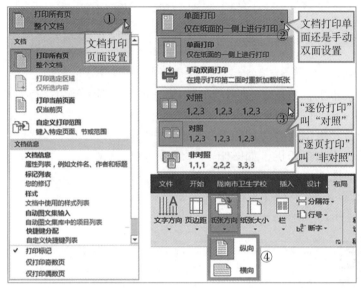

图 2 - 1 - 54　打印所有页、单 / 双、对照、纸张方向

6）正常边距：调整"页边距"（同"布局"→页面设置"→"页边距"），如图 2 - 1 - 55 所示②③处。

7）每版打印 1 页，如图 2 - 1 - 55 所示④处。

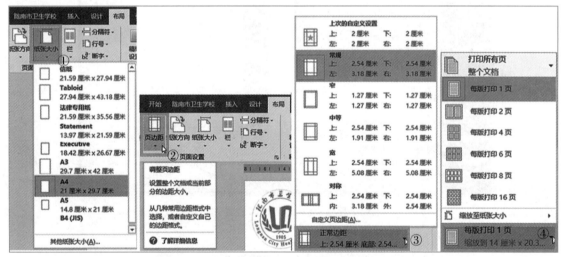

图 2 - 1 - 55　纸张大小、页边距、每版打印页数

（5）页面设置。

在"布局"选项卡下，点击右下角的箭头，打开页面设置，对页边距、纸张、布局、文档网格进行设置。

5. 快捷键

按快捷键 Ctrl+P，进行打印。

6. 操作说明搜索

（1）搜索框中输入"打印预览"，然后点击回车键就直接打开"打印"页面了。

（2）单击"操作说明搜索"出现光标时，下方出现"最近使用过的操作"。

（3）在"操作说明搜索"框中输入文字时，下方就给出了"最佳操作""操作""获得相关帮助等"。如图 2-1-56 所示①②图。

1）打印预览和打印（P）：直接打开"打印"页面，如图 2-1-56 所示③图（1）处。

2）快速打印（Q）：文档直接送打印机"打印"，如图 2-1-56 所示③图（2）处。

3）打印预览编辑模式（E）：打印前预览可以更改页面，如图 2-1-56 所示③图（3）处。

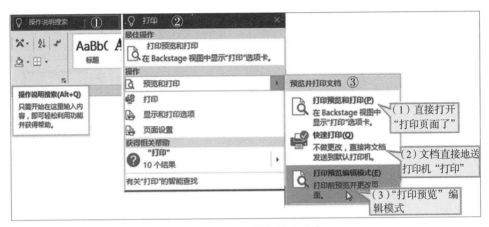

图 2-1-56　操作说明搜索

7. "打印预览"

编辑模式效果图及关闭，如图 2-1-57 所示。

图 2-1-57　"打印预览"编辑模式效果图及关闭

7. 共享

可以将编辑好的工作簿通过 E-mail、"Internet 传真"进行发送，并且可以创建 PDF/XPS 文档，如图 2-1-58 所示。

8. 导出

与"另存为"命令有点相似。Excel 2016 的导出功能中有两个选项，分别是创建 PDF/XPS 文档和更改文件类型，这里可以将表格内容导出为 .pdf、.txt、.csv 等格式。

（1）创建 PDF/XPS 文档。

使用 PDF 以防别人修改文档。

方法步骤：

1）"文件"→"导出"→"创建 PDF/XPS 文档"，如图 2 - 1 - 59 所示。

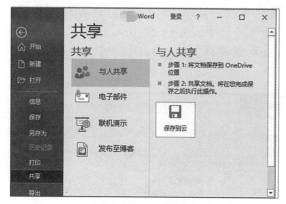

图 2 - 1 - 58　共享

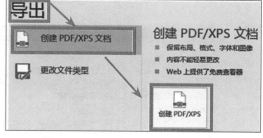

图 2 - 1 - 59　创建 PDF/XPS 文档

2）"发布为 PDF 或 XPS"→选择保存位置→文件名→保存类型为 PDF →发布，如图 2 - 1 - 60 所示。

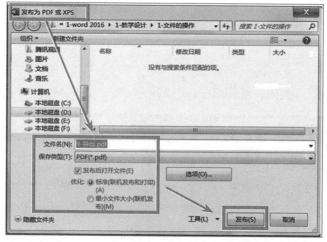

图 2 - 1 - 60　发布

3）发布后导出到桌面的图标，如图 2 - 1 - 61 所示①处。

4）发布到桌面后自动打开的 PDF 文件，如图 2 - 1 - 61 所示②处。

图 2 - 1 - 61　打开的 PDF 文件

（2）更改文件类型更改文件类型：

1）.docx、.doc、.odt、. tx、.txt、.rtf、.mht、.mhtml 以及另存为其他文件类型，如图 2 - 1 - 62 图①所示。

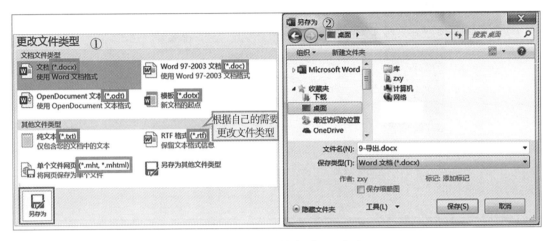

图 2 - 1 - 62　文件类型、另存为

2）另存为，如图 2 - 1 - 67 图②所示。

9.关闭：关闭退出当前文档

用于关闭当前打开的 Excel 文档。如果要关闭当前的工作簿，单击"文件"选项卡中的"关闭"命令即可。

方法 1：打开"文件"标签选项卡。此时展开了文件选项列表中找到"关闭"选项，立即关闭文档的编辑界面。

方法 2：直接按键盘的快捷键 Alt+F4 就可以关闭。

方法 3：单击标题栏右上角的"关闭"按钮，就可以关闭。

方法 4：快捷键 Ctrl+Alt+Delete 弹出的任务管理器中，选中 Word 文档，结束任务命令即退出，如图 2 - 1 - 63 所示。

10.账户 / 反馈

（1）账户。

与 Office 2016 最新的云存储有直接的关系，可以注册一个 Windows 可以识别的账户名称，登录后可以将文档存储到云端，这样可以随时随地编辑自己的文档。

账户隐私，包括：管理设置、Office 主题、登录到 Office，如图 2 - 1 - 64 所示。

图 2 - 1 - 63　任务管理器中关闭

图 2 - 1 - 64　账户管理设置

管理设置如图 2 - 1 - 65 所示。

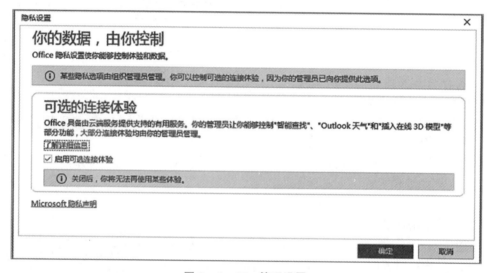

图 2 - 1 - 65　管理设置

登录到 Office：

1）有账户就直接登录，如图 2 - 1 - 66①所示。

2）没有账户就动手创建一个，如图 2 - 1 - 66②所示。

图 2 - 1 - 66　登录到 Office

修改账户：

1）修改。

单击"我的 Microsoft 账户"进行修改，如图 2－1－67 所示①处。

输入密码后登录，如图 2－1－67 所示②处。

图 2－1－67　修改账户

单击"更多操作"修改资料和密码，如图 2－1－68 所示。

图 2－1－68　更多操作修改资料和密码

2）激活。

在工具栏"文件"→"账户"点击进入，单击页面中的"需要激活"→在红框中输入产品激活账号，如图 2－1－69 ①②所示。

然后输入产品密钥，再点击"继续"，稍等片刻，如图 2－1－69 ③所示。

重新进入 Word，点击"文件"→"账户"→看到"产品已激活"就 OK 了（不管是在 Word、Excel、PowerPoint 中，只要在 Office 2016 的任意产品中激活 Office 2016，都同时激活 Office 2016 其他的产品了），如图 2－1－69 ④所示。

3）注销。

单击右上角人形图标，出现"注销"，单击出现"删除账户"，为了使文档和笔记本能与服务器同步，选"否"就不要注销账户了。

（2）反馈：喜欢和不喜欢的内容，以及是否对新功能提出改进意见和建议。

图 2 - 1 - 69　激活 Office 2016

三、"开始"选项卡

包括剪贴板、字体、段落、样式和编辑五个组，主要用于帮助用户对文档进行文字编辑和格式设置，是用户最常用的选项卡。以 Word、Excel 为例讲解。

（一）剪贴板

1. 剪贴板的设置

"剪贴板"功能区在"开始"选项卡下，包括：剪切、复制、粘贴、格式刷，如图 2 - 1 - 70 所示。

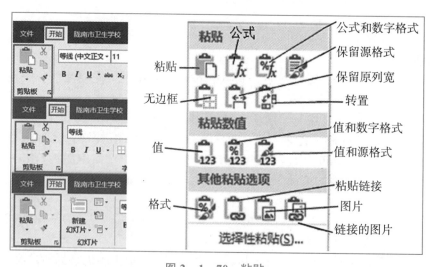

图 2 - 1 - 70　粘贴

在 Excel 工作表中输入数据之后，如果想将其移到其他单元格，或在其他单元格中输入相同的数据，则需要使用"剪切" 、"复制" 、"粘贴" 几个按钮。如果打开"剪贴板"，还可以实现剪切或复制多项内容到"剪贴板"中，需要使用这些数据时，只需要选中目标内容进行粘贴即可，以 Excel 为例。

方法步骤：

（1）单击"开始"选项卡，在"剪贴板"功能区中单击"剪切板"按钮 ，即可在编辑区的左侧显示"剪贴板"任务窗格。

（2）选中需要复制或移动的数据，在"剪贴板"选项组中单击"复制"按钮或"剪切"按钮 ，即可将选中的内容添加到剪贴板列表中（按相同方法可依次复制多项内容）。

（3）将光标定位到要粘贴内容的目标单元格中，在剪贴板列表中选中要粘贴的内容，右键单击，在弹出的菜单中选中"粘贴"选项，即可将该项内容粘贴到目标单元格中。根据同样的操作，用户可以将"剪贴板"中的复制数据粘贴到其他目标单元格中。

2. 格式刷

我们在编辑文档（长篇文档）时，有时候有大量的内容需要用相同的格式，在给文档中大量的内容重复添加相同的格式时，高效地利用 Word 2016 的格式刷功能，让我们避免受重复设置，节省时间，加快文档的编辑速度！

格式刷位于 Word 2016"开始"选项卡下的"剪贴板"功能区中，看上去就像一把"刷子"。用它可以"刷"文字、段落格式，还有一些图片、图形、表格的设置，可以快速将设定好的格式应用于其他地方。

格式刷的作用：复制文字格式、段落格式等任何格式；

格式刷快捷键：Ctrl+Shift+C 和 Ctrl+Shift+V。

（1）复制文字格式。

1）用鼠标选中文档中带某个格式的文本。

2）单击"开始"功能区的"剪贴板"组的"格式刷"按钮，此时鼠标指针显示为"I"形旁一个刷子图案 。

3）按住左键，在需要应用复制好的格式的文字上拖动。复制文字格式

（2）复制段落格式。

1）用鼠标选中文档中要带某个格式的整个段落（可以不选中最后的段落标记），或将鼠标定位到此段落内，或者也可以只选中此段落末尾的段落标记。

2）单击"开始"功能区的"剪贴板"组的"格式刷"按钮，此时鼠标指针显示为"I"形旁一个刷子图案。

3）在需要应用复制好的段落格式的段落中单击（这时只应用了段落格式），如果同时要复制段落格式和文本格式，则需拖选整个段落。

（3）格式刷的多次使用。

在使用过程中，我们会发现，格式刷只能使用一次，如果有多个地方要使用格式怎么办呢？这时候，我们就要双击"格式刷"按钮。在应用中，我们会发现鼠标中"格式刷"是一直显示的，我们要多次使用格式刷对多个地方进行应用格式。如停止使用，可

按键盘上的 Esc 键，或再次单击"格式刷"按钮。

（二）字体

1.文本效果和版式

通过应用文本效果来为文本增添一些效果。Word 文档中文本效果包括为文本添加阴影、映像、底纹、删除线，设置上标、下标等，在实际的设置过程中，用户可根据需要对其效果进行适当的修改，如图 2-1-71 所示。

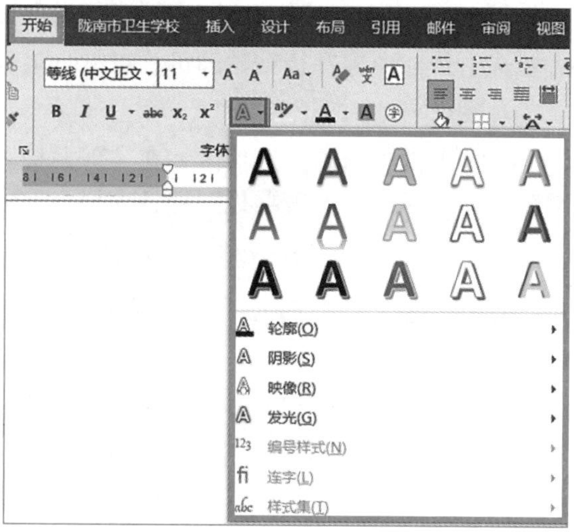

（1）使用程序预设的文本效果。

Word 2016 中预设了一些文本效果，使用这些预设的样式，可以快速地制作出美观的文档。

1）选择要设置效果的文本。打开原始文件，拖动鼠标选中要设置效果的文本。

2）应用预设的文本效果。

图 2-1-71 文本效果和版式

切换至"开始"选项卡，单击"字体"组中的"文本效果和版式"按钮，然后在展开的下拉列表中选择文本效果，这里选择"渐变填充：蓝色，主题色 5；映像"样式，如图 2-1-72 所示。

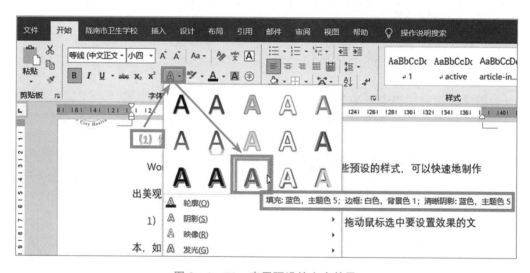

图 2-1-72 应用预设的文本效果

3）设置阴影效果。

单击"文本效果和版式"按钮，在展开的下拉列表中将鼠标指针指向"阴影"选项，在级联列表中单击"透视"组中的"透视：左上"样式，如图 2-1-73 所示。

4）显示设置效果。经过以上操作，就为文档的标题设置了文本效果。

5）设置上标效果。

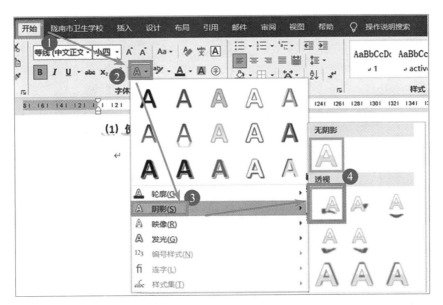

图 2-1-73 设置阴影效果

拖动鼠标，选中要设置为上标的文本，单击"字体"组中的"上标"按钮，如图 2-1-74 ①处所示。

6）显示上标效果。经过以上操作，就将文本设为了上标，如图 2-1-74 ②处所示。

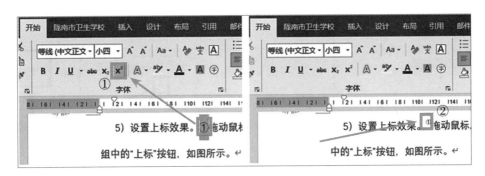

图 2-1-74 设置上标效果

（2）自定义设置文本效果。

在设置文本效果时，文本的填充效果、阴影大小、角度、距离、发光色彩等内容都是可以自定义的，下面介绍具体的操作方法。

1）打开"字体"对话框。打开原始文件，选择要设置效果的文本，单击"开始"选项卡下"字体"组中的对话框启动器，如图 2-1-75 ①②处所示。

2）打开"设置文本效果格式"对话框。弹出"字体"对话框，单击"文字效果"按钮，如图 2-1-75 ③④处所示。

3）设置文本填充样式。

弹出"设置文本效果格式"对话框，单击"文本填充与轮廓"按钮，在"文本填充"下方单击"渐变填充"单选按钮，然后单击"预设渐变"按钮，在展开的列表中选择样式，例如选择"径向渐变 – 个性色 2"样式，如图 2-1-76 图（1）步骤①②③所示。

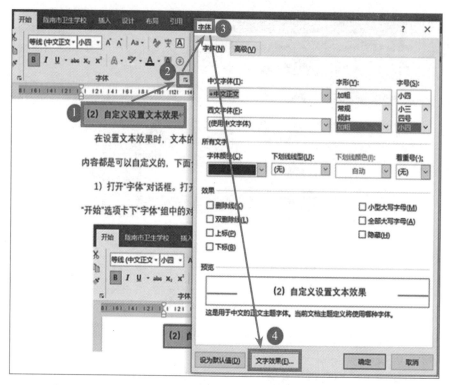

图 2－1－75　打开"字体"对话框

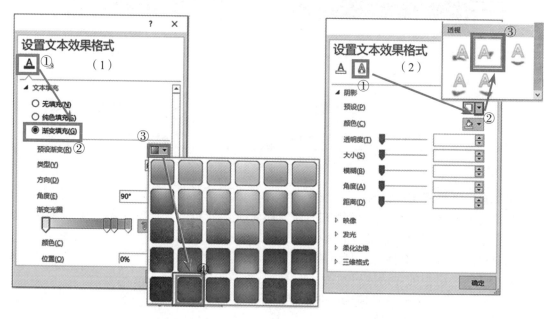

图 2－1－76　设置文本填充样式

4）设置阴影样式。

单击"文字效果"按钮，在"阴影"下方单击"预设"按钮，在展开的列表中选择阴影样式，例如选择"透视：右上"样式，如图 2－1－77 图（2）步骤①②③所示。

5）设置阴影颜色。

单击"颜色"按钮，在展开的下拉列表中单击"蓝–灰，文字2，深色50%"，如图 2－1－77 所示。

6）设置阴影的效果参数。

拖动"透明度"标尺中的滑块，将阴影的透明度设置为"20%"，按照同样方法，设置"模糊"为"5磅"、"距离"为"4磅"。

单击"确定"按钮，如图 2－1－78 所示。返回"字体"对话框，单击"确定"按钮，就完成了自定义设置文本效果的操作。

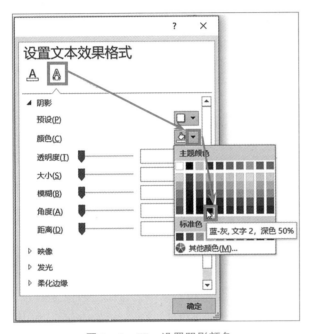

图 2－1－77　设置阴影颜色

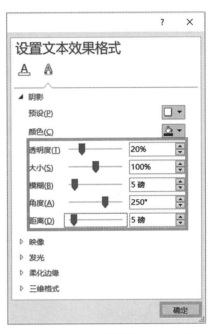

图 2－1－78　设置阴影的效果参数

2. 文本突出显示颜色

（1）显示颜色。

方法1：选中要设置的文字，在"开始"选项卡下单击 ![按钮] 即可。

方法2：先单击 ![按钮] 此按钮，出现 ![图标] 此图标时，在想要突出显示的文字上刷过即可。

方法3：单击 ![按钮] 此按钮右边的倒三角，在下拉菜单中选择想要的颜色即可，如图 2－1－79 所示。

图 2－1－79　显示颜色

（2）删除颜色（同突出显示反操作）。

方法1：选中想取消突出显示的文字后，单击 ![按钮] 此按钮即可取消。

方法2：单击 ![按钮] 这个按钮，出现 ![图标] 此图标时，在想要取消突出显示的文字上刷过即可。

方法3：选中想取消突出显示的文字后，单击 ![按钮] 此按钮右边的倒三角，在下拉菜单中选择无颜色即可。

3. 字符底纹

（1）设置：选中要设置底纹的文字，单击此按钮即可设置灰色底纹，不过此按钮只能为文字设置灰色底纹，而无法设置其他颜色。

（2）取消：选中文字后，单击 按钮即可取消字符底纹。

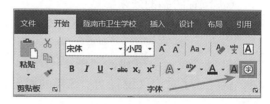

图 2 - 1 - 80　选择带圈字符按钮

4. 带圈字符

（1）设置：选择要设置带圈的文字，点击"开始"菜单下面的 此按钮，如图 2 - 1 - 80 所示。打开"带圈字符"对话框，在"样式"里面选择想要设置的样式，在"圈号"里选择要加的外圈形状，如图 2 - 1 - 81 所示。

（2）取消：选中文字后，单击 按钮，在"带圈字符"的"样式"里选择"无"即可取消。

（三）段落

微调当前段落的布局、包括间距、缩进等。

1. 项目符号

项目符号是放在文本（如列表中的项目）前以添加强调效果的点或其他符号。

（1）设置。

方法 1：在需要进行符号设置的位置，选择"开始"选项里"段落"下的"项目符号" 按钮，单击时，会自动添加"最近使用过的项目符号"。

方法 2：在需要进行符号设置的位置，选择"开始"选项里"段落"下的"项目符号" 按钮右边的倒三角，打开下拉图标，这里可以看到："最近使用过的项目符号""项目符号库""文档项目符号"以及"定义新项目符号"，根据需要进行设置，如图 2 - 1 - 82 所示。

图 2 - 1 - 81　带圈字符

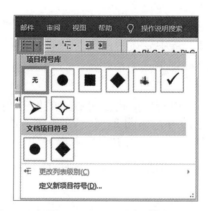

图 2 - 1 - 82　项目符号

（2）定义新项目符号。

方法 1：单击在"段落"下的"项目符号" 按钮右边的倒三角，打开下拉图标，需要其他的就点击"定义新项目符号",在"项目符号字符"中,可以设置"符号""图片""字体""对齐方式"。

方法 2:"插入"选项里的"符号"下的"其他符号"和"插入"的"符号"是一样的,如图 2 - 1 - 83 所示。

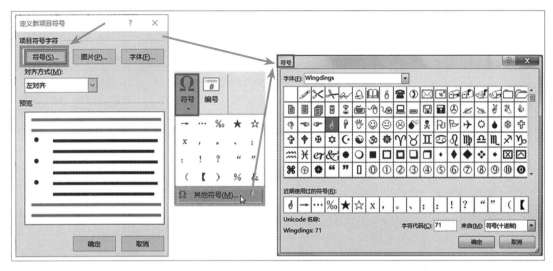

图 2 - 1 - 83 定义新项目符号

(3)取消。

方法 1:在需要取消符号设置的位置,选择"开始"选项里"段落"下的"项目符号" ⫶ 按钮,单击时即可取消。

方法 2:在需要取消符号设置的位置,选择"开始"选项里"段落"下的"项目符号" ⫶ 按钮右边的倒三角,打开选择"无"即可。

2. 编号

用来创建编号列表。

(1)在"段落"设置。

方法 1:在需要进行编号的位置选择"开始"选项里"段落"下的"编号" ⫶ 按钮,敲回车时,会自动添加下一个编号。

方法 2:在需要进行编号的位置选择"开始"选项里"段落"下的"编号" ⫶ 按钮右边的倒三角,打开"最近使用过的编号格式""编号库""文档编号格式"还有"定义新编号格式"进行设置,如图 2 - 1 - 84 所示。

(2)在"插入"设置。

鼠标移动到需要进行编号的位置,然后打开标题菜单选项卡栏的"插入"选项卡,在插入选项卡的"符号"分区功能区中,找到并点击"编号"命令选项,如图 2 - 1 - 85 所示。

图 2 - 1 - 84 "段落"设置

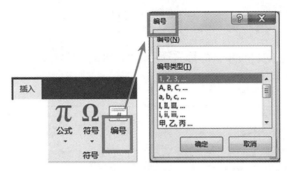

图 2－1－85　插入编号

3.多级列表

用来组织项目或创建大纲。

（1）选定要设置的位置，在"开始"菜单里面单击"多级列表" 按钮，出现"当前列表""列表库""定义新的多级列表""定义新的列表样式"中根据需要进行设置。

（2）在"开始"菜单里面单击"多级列表" 按钮，选择"定义新的多级列表…" ，打开"定义新多级列表"对话框，根据需要进行设置，如图 2－1－86所示。

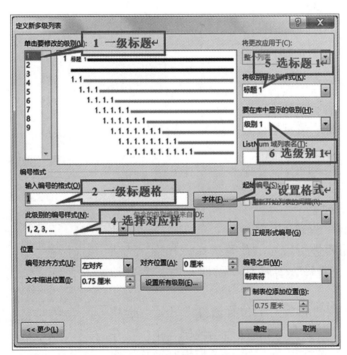

图 2－1－86　定义新的多级列表…

（3）在"开始"菜单里面单击"多级列表" 按钮，选择"定义新的列表样式…" ，打开"定义新列表样式"对话框，根据需要进行设置，如图 2－1－87所示。

4.减少／增加缩进量

（1）"减少／增加缩进量" 按钮设置。

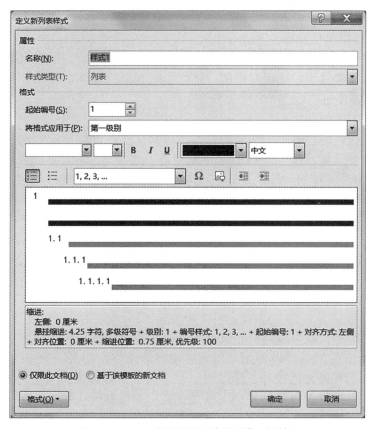

图 2 - 1 - 87　"定义新列表样式"对话框

在"开始"菜单选项的"段落"里面单击"减少缩进量" 按钮，靠近边距移动段落。单击"增加缩进量" 按钮，增加段落的缩进级别。

（2）在"段落"对话框中设置。

方法 1：单击在"开始"选项卡的"段落设置"按钮 ，打开"段落"对话框，在"缩进"命令里进行设置。

方法 2：选中要缩进的部分，然后点击鼠标右键，选择菜单栏中的"段落"即可打开"段落"对话框，如图 2 - 1 - 88 所示。

图 2 - 1 - 88　减少 / 增加缩进量

（3）"首行缩进／悬挂缩进"设置。

方法1：右键菜单栏设置。

选中要缩进／悬挂的部分，然后点击鼠标右键，选择菜单栏中的"段落"，在弹出的对话框的"特殊"格式下，选择其中的"首行"／"悬挂"缩进，缩进字符一般默认，当然你也可以根据需要进行设置。

方法2：通过拖动标尺设置。

在"视图"选项的"显示"选项中，勾选标尺，然后进行标尺的左右移动来改变缩进。光标定位到要设置"首行／悬挂／右／左缩进"的位置，接着鼠标选中标尺中的"首行／悬挂右／左缩进"按钮，按住鼠标左键向左右进行拖动，当鼠标拖到设置的标尺上，松开鼠标左键，即可实现段落"首行／悬挂右／左缩进"，如图2－1－89所示。

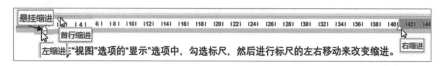

图2－1－89 标尺

5. 排序

在Word 2016中，既可以对全是汉字的普通的段落排序，也可以对前面有数字或字母的列表排序，如图2－1－90所示。以数字或字母开头的列表一般按数字或字母排序，没有数字或字母的普通段落按什么排序呢？每个汉字都有拼音和笔画，因此汉字可以按拼音或笔画排序；按拼音排序的规则大概是这样：取段落开头第一个字的拼音的第一个字母，按该字母排序，如果两个字的拼音第一个字母相同，则按第二个字母排序，依次类推。

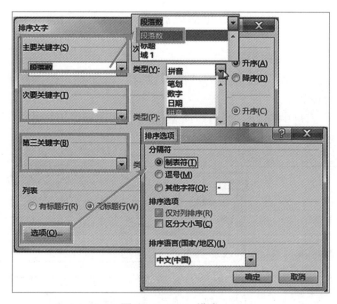

图2－1－90 排序

在实际应用中，段落要排序的情况很少，排序主要用于列表，列表大多情况下输入的时候也排好了顺序，但如果拿到一个打乱列表顺序的文档，则排序派上用场，下面来看看如何排序。

（1）数字列表排序。

1）假如有一个前面有数字编号的打乱顺序的列表，该列表并没有设置编号，只是在每行的前面输入数字，选中文字后单击"开始"选项下"段落"区块的"排序" ↓↑ 图标，打开"排序文字"窗口。

2）在"排序文字"窗口已经默认选中了"升序"，单击"确定"，选中的列表按升序排列。

3）如果选择"降序"，则选中列表按降序排列。

4）如果把数字 1、2、3、4、5 换成 A、B、C、D、E，排序情况跟数字一样。

（2）普通段落排序。

1）选中几段，单击排序图标打开"排序文字"窗口。从图中可以看出可以按三个关键字排序，分别为：主要关键字、次要关键字和第三关键字，每种关键字都有三种选择。

2）除能选择这三项外，还可以输入关键字，如果所输入的关键字无效，单击"确定"时会弹出一个小窗口提示。"次要关键字和第三关键字"下面的下拉列表框为什么呈灰色不能选择？因为它们只有当"上一级关键字"选择"域"时才能选择。

3）"主要关键字"选择"域"后，"次要关键字"下的列表框可以选择；"次要关键字"选择"域"后，"第三关键字"下的列表框可以选择。

4）"类型"有四个选项，分别为：笔画、数字、日期和拼音。

5）普通段落排序选择"拼音"就可以了；排序方式只有两种，即"升序和降序"，在前面已经演示过。另外还有"列表"，主要包括"有标题行和无标题行"，相关情况将在下面列举实例。

6）单击"选项"按钮，打开"排序"选项窗口

7）这里主要设置"分隔符、区分大小和排序语言"，一般情况下保持默认就可以了。单击"确定"返回"排序文字"窗口，再单击"确定"。

8）从排序可以看出，是按每段开头第一个字的拼音的第一个字母排序。第一段"单"拼音的第一个字母为 d，第二段"假"拼音的第一个字母为 j，后面依次类推。

9）有标题的列表，不管选择"有标题行"还是选择"无标题行"，标题都单独排到了后面。

6.显示 / 隐藏编辑标记（Ctrl+*）

（1）常用编辑标记的显示与隐藏。

方法 1：

1）单击"开始"选项下"段落"区块的"显示 / 隐藏编辑标记"图标，文档中隐藏的编辑标记都显示出来了。

2）想把编辑标记隐藏起来，再单击一次编辑标记图标即可。

方法 2：

1）在"文件"命令窗口中点击"选项"命令选项，打开"Word 选项"对话窗口。

2）在"Word 选项"对话窗口中，将选项卡切换到"显示"选项卡。

3）在"显示"选项卡栏的右侧窗格中，找到"页面显示选项"下的"显示突出显示标记"功能选项并将其取消勾选，而后再点击"确定"按钮即可，如图 2-1-91 所示。

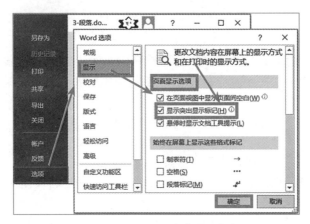

图 2 - 1 - 91 显示突出显示标记

（2）常用的编辑标记——换行符 ：

若想仅显示换行符，在"Word 选项"的"显示"选项卡栏，在"始终在屏幕上显示这些格式标记"下勾选"段落标记"即可，如图 2 - 1 - 92 所示。

这是我们最熟悉的标记，每行后面都有一弯曲的箭头，它就是换行符。即使一行一个字都没有，但仍然会显示一个换行符。除换行符外，垂直的箭头↓（手动换行符）也可以用作换行符，有些文档的段落后全是↓，也就是用手动换行符换行。

图 2 - 1 - 92 勾选"段落标记"

（3）取消 Word 中的段落符号（标记）。

方法 1：

点击如图 2 - 1 - 93 所示的倒三角符合，点开之后，点击"其他命令"，然后会弹出"Word 选项"对话框，点击"显示"，此时可以看到段落标记处有勾号，把勾去掉点击"确定"即可，如图 2 - 1 - 93 所示。这样，段落标记就消失了。

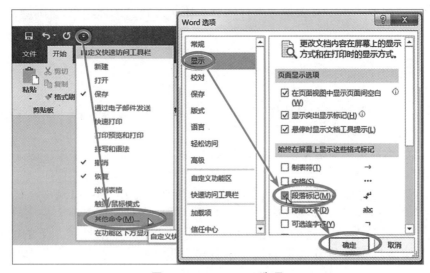

图 2 - 1 - 93 Word 选项

方法 2：点击"开始"选项卡，然后点击"段落"组的"✓"按钮，同样段落标记就消失了。

7. 对齐方式

文字对齐 ▤▤▤▤▥（主要是段落对齐）方式有五种，分别为：左对齐、居中、右对齐、两端对齐与分散对齐，在制作文档过程中，可根据实际需求选用。

（1）左对齐。

左对齐是 Word 2016 的默认对齐方式，我们平常无论是输入还是复制到文档中的文字都是左对齐。

选中段落，单击"开始"选项卡下的"左对齐"▤图标（或按 Ctrl + L）。文字向左边距对齐后，选中文字，"左对齐"▤图标成选中状态，右边却不对齐了。

（2）居中对齐。

选中段落，单击"开始"选项卡下的"居中对齐"▤图标（或按 Ctrl + E），该图标成选中状态▤，文字显示到页面的中间。满行的文字看不出效果，不足一行的文字，效果才明显。

（3）右对齐。

选中段落，单击"右对齐"图标▤（或按 Ctrl + R），该图标成选中状态▤，所有行都向右边距对齐了，不足一行的，左边留空也得向右边距对齐。

（4）两端对齐。

选中段落，单击"两端对齐"图标▤（或按 Ctrl + J），该图标成选中状态▤，文字均匀地分布在两边距之间，不足一行时，字与字之间不会用空格补充而占满一行。

（5）分散对齐。

与"两端对齐"相似，不同的是：不足一行时，字与字之间用空格补充以占满一行。

选中段落，单击"分散对齐"图标▤（或按 Ctrl + Shift + J），该图标成选中状态▤，每行都两端对齐了，不足一行的中间用空格填充。

8. 行和段落间距

行与行之间的距离叫行间距，段与段之间的距离叫段间距；一般来说，段间距大于行间距比较美观，也便于阅读。行间距与字号的大小也有密切的关系，字号越大，行间距也要相应地增大，不然看上去不够美观，段间距亦然。

在默认情况下，我们输入的文字行间距自动使用单倍行距，段间距自动使用 0 行；但可以根据实际需要设置合适的值，以下就是它们的具体设置方法。

（1）段间距设置。

方法 1：

1）选中要设置的段落（一次可以选择多段），右键选中的段落，弹出菜单。

2）在弹出的菜单中，选择"段落"，打开"段落"窗口。

3）确保当前选项卡为"缩进和间距"，窗口的中下位置就是"间距"设置，包括行间距和段间距。段间距分为段前和段后，它们的默认值都是"0 行"；如果想增加，单击指向上的黑色三角，反之单击指下的黑色三角。单击"确定"后，与之前相比，段间距明显拉开。

方法 2：段间距也可以到"布局"选项卡的"段落"区块直接设置。

（2）行间距设置。

1）右键选中的段落，在弹出的菜单中选择"段落"，打开"段落"窗口（也可以单击"开始"选项卡下的"行与段落间距"图标选择间距）。

2）窗口中下位置右边为"行间距"设置，单击"单倍行距"所在的下拉列表框，弹出下拉列表。

3）"行距"共有六个值供选择，即：单倍行距、1.5倍行距、2倍行距、最小值、固定值和多倍行距；其中"最小值和固定值"默认都是12磅，当然这个值可以修改。

9.边框和底纹

在"字体"里介绍了文字的边框，在 Word 中，段落也可以设置边框。一个段落既可以只设置一个外边框，也可以给每行都设置一个独立的边框，还可以只设置上下左右其中一条边框。此外，还能自由设置边框的样式，包括使用什么线条，线条的颜色、粗细、阴影与三维效果等，使文档版面显得更加美观大方。

段落除能设置边框外，还能设置底纹，也就是通常所说的背景，可以起到突出显示或强调的作用。前面我们已经设置了"文字"的背景，段落的背景设置方法与文字几乎一样，懂其一基本上就知其二。

（1）段落边框设置，如图2-1-94所示。

1）选中要设置的段落，单击"开始"功能区选项卡下的"边框"图标。

2）单击"边框"图标后，段落已经被设置了下边框。

3）因为下边框是当前选项，所以单击"边框"图标后，段落被加上下边框。如果想设置其他边框，单击"边框"图标右边的小三角弹出菜单，把鼠标移到要选择的边框上即可。

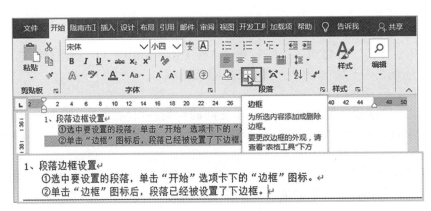

图2-1-94　段落边框设置

4）如果把鼠标移到"内部框线、内部横框线或内部坚框线"上，则都不加内框线。注意：只有同时选中两段以上，内部框线才会出现。如果全选一段，而另一段只选中一行，则只选中一行的段也被全围起来。

（2）段落边框样式设置，如图2-1-95所示。

1）单击"边框"图标右边的小三角，在弹出的菜单中选择"边框与底纹"，打开"边框与底纹"窗口。

2）在选项卡"边框"设置，窗口左边有"无、方框、阴影、三维和自定义"几个选项。

3）根据需要设置线条"样式""颜色"和"宽度"。

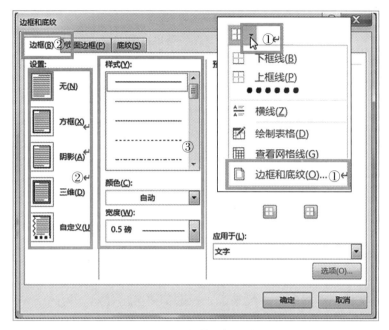

图 2 - 1 - 95　段落边框样式设置

（3）段落底纹设置，如图 2 - 1 - 96 所示。

1）选中段落，单击"开始"选项卡下"段落"部分的"填充"图标 ![填充图标] 右边的小三角。

2）选择一种颜色后，立即能预览，单击选中的颜色即成为段落的底纹，填充的颜色是行的背景。

3）也可以在"边框"下拉列表选择"边框和底纹"，在"边框和底纹"的"底纹"选项卡，单击"填充"下面的下拉列表框选择一种颜色，填充的图案是选中段落的大背景。

4）另外，在"底纹"选项卡里还可以设置"图案样式和颜色"，单击"样式"右边的下拉列表框设置，如图 2 - 1 - 97 所示。

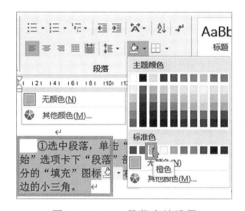

图 2 - 1 - 96　段落底纹设置

注意：段落底纹设置①填充的颜色是行的背景，段落底纹设置③填充的图案是选中段落的大背景。

（四）样式

在编辑文档的时候，有时我们需要自己专用的样式，每次需要重新编辑会非常麻烦，我们可以把自己需要样式保存下来，这样以后需要的话，直接点击选择相应的样式就可以了，既方便又快捷。

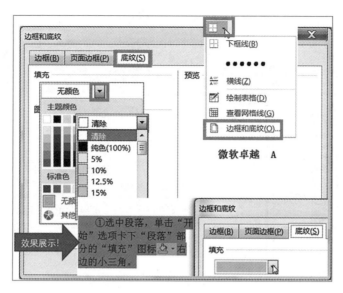

图 2 - 1 - 97 边框和底纹

每篇 Word 文档都有标题，一般来说，标题都要突出显示，为此，Word 2016 提供许多设置标题的样式。此外，还提供了自定义标题的功能，使我们可以把制作出的漂亮标题保存起来下次使用。

大多情况下，制作标题时选择一种 Word 提供的现成标题样式即可。这些标题样式主要有：标题、副标题、多级标题、书籍标题等；正副标题除用大号字外，还会自动居中；多级标题像前面介绍的多级列表一样；书籍标题加粗文字的同时使文字倾斜；等等。

（五）编辑

文档中有很多内容，要找某个词或别的东西，手动去一页页翻、一行行看是十分困难的事，而用查找瞬间就能返回查找结果，亦如此，因此，每个版本的 Word 都提供了查找替换等功能。

大多情况下，我们都查找某个词，而除常用词外，空格、标记等也会经常用到。查找与内容分为两类，字符、词这些能复制到查找或输入框，当然也可以输入，而一些符号标记（Word 称为特殊格式）却不能，这就需要用其他字符替换；下面先介绍简单的查找与替换方法，即查找或替换前一种情况，也就是查找或替换能输入的字符。

1. 查找方法

（1）简单查找。

1）选择"开始"选项卡，在功能区右边有查找选项。

2）选中要查找的词，例如：查找，单击"查找"（或按 Ctrl + F），在左边打开"导航"窗口并列出查找结果。

3）假设从图中找到 2 个结果，其中光标定位在第 1 个结果（有灰黑色背景那个，我们称为当前关键词）；还列出了当前所在的行中蓝色关键词"选项"框。

4）显示结果的方式有三种，即：标题、页面和结果。当前选择是"结果"，选择"标题"，立即列出搜索的段落所在标题。

5）选择"页面"，立即列出当前关键词所在页面。

6）搜索结果统计文字"第 1 个结果，共 2 个结果"右边有两个分别指向上下的黑色小三角，它们是用来定位文档中的关键词的，其中指向上的小三角用上定位到上一个关键词，而另一个用于定位到下一个关键词，我们单击一次指向上的小三角，立即定位到上一个关键词。

7）查找关键词输入框（即"导航"下的输入框），右边有一个叉，单击它，输入框中的关键词被删除，查找结果同时被清除。输入关键词，叉立即显示相应的结果。

8）单击小三角，会弹出一个下拉菜单。除可在输入框输入关键词外，还可以在"查找"下方选择"图形、表格、公式、脚注 / 尾注、批注"。

9）击"选项"，在"查找"选项里进行"查找"的设置。

（2）高级查找。

1）单击"开始"选项卡功能区右边的"查找"右边的小三角，弹出菜单，选择"高级查找"，打开"查找与替换"窗口。

2）单击"更多"按钮，窗口展开有许多搜索选项供我们选择，"搜索"右边的下拉列表框可以选择搜索范围，选项有：全部、向上和向下；下面的项如果需要可以勾选，例如：区分大小写，如果只搜索小写字母，就要勾选"区分大小写"；"全字匹配"要求文档中的字符与关键词完全一致；"使用通配符"是用一些符号匹配要搜索的内容；"区分全 / 半角"，全角占两字节，半角占一字节，主要是汉字与英文的区别。

3）窗口的下面是"查找的格式"选项，有"格式和特殊格式"两项，"格式"主要是搜索时限定格式。

4）单击"格式"，弹出下拉菜单，"字体"为例，选择"字体"，打开"查找"字体窗口，"中文字体"选择"华文行楷"，"字号"选择"一号"。单击"确定"后，"查找内容"输入框下多了一项"格式"，列出了刚才设置的字体格式。

5）单击"查找下一处"，立即找到使用该格式的内容。其他格式的设置方法与"字体"一样。如果不想限定查找格式，单击"不限定格式"，则设置格式被清除，"不限定格式"按钮也同时变为不可用。

（3）特殊格式。

假如要查找"段落标记（即换行符）"，单击"特殊符号"，弹出下拉菜单。选择"段落标记"，"查找内容"后的输入框中立即填上了" ^p"，此特殊符号加 p 就是表示换行符。单击"查找下一处"后，立即找到一个换行符，再单击一次，又找到下一个换行符。"在以下项中查找"按钮，单击它弹出菜单，从弹出的选项可以看出，主要是限定在哪里查找。"特殊格式"还有很多，想查找什么选择即可；如果查找多个"特殊格式"，选择多次即可。

2. 替换的方法

（1）简单方法。

选中要替换的内容，例如"段落"，按 Ctrl + H 键，打开"查找和替换"窗口。选中的"段落"已经出现在"查找内容"后面的输入框中，在"为"后的输入框中输入词，要替换的词，然后单击"全部替换"后，会弹出一个有"将要几处"的询问是否从头搜索的小窗口。单击"是"，弹出一个替换结果小窗口，单击"是"即可。在文档中所有要替换的词已经被替换了。"替换"按钮，每单击它一次，只替换一个词。

（2）高级替换。

在"替换"选项卡，打开替护窗口。选项跟"查找"完全一样，假如要把"^p"替换成空，单击"查找内容"后的输入框把光标定位于此，单击"特殊格式"，选择"^p"，"替换为"留空，单击"全部替换"，则所有"^p"被替换为"空"。把段落标记替换为手动换行符（垂直箭头）。单击"替换"，所选"段落标记"就被替换为"手动换行符"了。

3. 定位

如果一个文档页数比较多，要通过拖动滑块来回定位到某页会是一件烦人的事。在 Word 2016 中，除可快速定位到页外，还能快速定位到节、行、标题、表格、图形、书签、公式、脚注、尾注等，要找到它们就变得相当容易。

（1）打开定位的方法。

打开"编辑"里的"替换"，在"查找和替换"窗口选择"定位"选项卡。单击"开始"选项卡功能区右边的"查找"右边的小三角，在弹出的菜单中选择"转到"，也能打开"定位"。按 Ctrl + G 键，打开"查找和替换"窗口，并自动选择"定位"选项卡。

（2）定位到页。

在"定位目标"当前选择"页"，在"输入行号"下输入要定位的页数，单击"定位"，即使文档没有设置页码的情况，可以拖动右边的滑块让 Word 显示页码，也能定位到输入的页号。

（3）定位到行。

"定位目标"选择"行"，在"输入行号"下面的文本框输入要定位到的行号，单击"定位"即可实现。

（4）定位图形。

"定位目标"选择"图形"，输入图形编号，如果不知道图形编号，图形一般按画（或插入）的先后顺序编号。如果只有一个图形，输入 1 即可，单击"定位"后，立即定位到 1 号图形所在位置，也可以单击"前一处"或"下一处"进行定位。

以上只列举了页、行和图形的定位，还有表格、书签、公式、脚注、域等的定位，方法都一样，按照上面介绍的方法定位即可实现。

4. 选择

（1）全选。

方法 1：如果一个文档内容比较多，超出一屏，最快的选中方法就是用键盘全选，同时按 Ctrl + A 键即可。

方法 2：用方向键选中，按左方向键（键盘中间一格白色三角指向左边的那个键），把光标移到要选择的字前面，按住 Shift 键不放，再按右方向键，把光标一直移到想要选中的字体为止。

方法 3：选择"开始"选项卡，单击右上角的"选择"，在弹出的菜单中选择"全选"，文档中的所有内容被选中。

（2）选择对象。

"选择对象"主要用于选择形状，无法选中文本。在菜单中选择"选择对象"，当按下左键后，鼠标变成一个十字，拖动鼠标并框住要选择的图片 10，放开左键，框住的图片被选中。选择"选择对象"后，每当按下左键就会变为十字，如果要取消有两种方法，一是双击左键，二是再选择"选择对象"。

（3）选择格式相似的文本。

把光标定位到要所选择类似的文本其中一行（在该行单击一下鼠标）。单击"开始"选项卡下的"选择"，在弹出菜单中选择"选定所有类似的文本"。文档中所有类似文本被选中。

（4）选择窗格。

1）单击"开始"选项卡下的"选择"，在弹出菜单中选择"选择窗格"。在屏幕右边打开一个小窗口，并列出了我们刚才框选的图片 10，单击图片 10，则立即选中它。

2）"全部显示和全部隐藏"按钮，用于显示隐藏文档的对象，现在为显示状态，单击"全部隐藏"，矩形 2 被隐藏。"图片 29"右边的眼睛图标变成了一条直线，文档中的也不见了。

3）单击"全部显示"，"矩形 2"又会显示。"全部隐藏"右边的两个小三角用于上下移动选择图形对象。其中指向上的，每单击一次往上移一层；指向下的，每单击一次往下移一层。点击右边的向上向下的三角，图片就可以上 / 下移动一层。

四、"插入"选项卡

包括表格、插图、加载项、媒体、链接、批注、页眉和页脚、文本和符号几个组，以 Word 2016 为例。

1. 表格的操作

（1）通过"插入表格"库插入表格，如图 2 - 1 - 98 ①处。

要在文档中快速插入表格，最适当的方法莫过于使用"插入表格"库来插入，在插入表格的时候，用户可以在相应的范围内选择表格的行和列数。

在功能区切换到"插入"选项卡，单击"表格"组中的"表格"按钮，在展开的"插入表格"库中选择单元格的行列数，单击即可完成表格插入。

（2）通过对话框插入表格，如图 2 - 1 - 98 ②处。

"插入表格"库中可以插入的表格最多只有 10 列 8 行，如果插入的表格行列数过多，"插入表格"库无法满足需求时，可以通过"插入表格"对话框来插入表格。

在功能区"插入"选项卡下，单击"表格"组中的"表格"按钮，在展开的下拉列表中单击"插入表格"选项，打开"插入表格"对话框，在"表格尺寸"选项组中设置需要的表格的列数和行数，在"自动调整"操作选项组中，根据内容或窗口对表格进行调整，设置完成后，单击确定即可。

（3）通过铅笔绘制表格，如图 2 - 1 - 98 ③处。

一种更随意的创建表格的方法，掌握此方法后，用户可用鼠标在页面上任意画出横线、竖线和斜线，从而建立起所需的复杂表格。

1）在功能区的"插入"选项卡下，在"表格"组中单击"表格"按钮，在展开的下拉列表中单击"绘制表格"

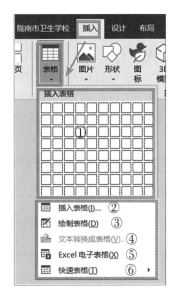

图 2 - 1 - 98　插入表格

选项。

2）光标呈现铅笔形状，将光标指向需要插入表格的位置，单击拖动鼠标绘制表格的外框。释放鼠标后，即可成功绘制表格外框，如图 2-1-99 左图所示。

3）横向拖动鼠标，在外框中绘制表格的行线，根据需要继续绘制表格的行和列线，完成整个表格的绘制即可，如图 2-1-99 右图所示。

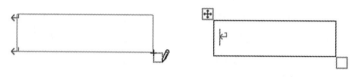

图 2-1-99　铅笔绘制表格

（4）通过"内置"快速创建表格，如图 2-1-98 ⑥处。

1）在功能区的"插入"选项卡下，在"表格"组中单击"表格"按钮，在展开的下拉列表中单击"快速表格"选项。

2）"内置"下有"表格式列表""带副标题 1""带副标题 2""矩阵""日历 1""日历 2""日历 3""日历 3""双表"可供选择。

3）点击右键时弹出插入的位置。有"在当前文档位置插入""在页眉插入""在页脚插入""在节的开头插入""在节的末尾插入""在文档的开头插入""在文档的末尾插入""编辑属性""整理和删除"以及"将库添加到快速访问工具栏"。

（5）自定义表格。

在建立表格的基础上，如果 Word 中默认的表格样式感到不满意，又希望有一套自己喜欢的表格样式，用户可以选择新建表格样式，自定义表格中字体、表格边框和底纹等内容。

1）在 Word 文档中，选中表格，切换到"表格工具→设计"选项卡，单击"表格样式"组的"其他"（向下的三角）按钮。

2）在展开的样式库单击"新建表格样式"选项。

3）弹出"根据格式设置创建新样式"对话框，根据自己的需要设置样式名称、字体颜色、边框、填充颜色等。

4）也可以在左下方的"格式"中进行设置，完成后单击"确定"即可。

5）可以看到在样式库中添加了自定义的样式，选中表格后，选择样式库中的"自定义样式 2"样式，即可以看见为表格应用了新建的样式。

6）应用了新建表格样式后，如果对新建的样式不满意，可以右击样式，在弹出的快捷菜单中单击"修改表样式"命令，即可打开"修改样式"对话框，对样式进行重设。

2.插图的操作

（1）插入图片。

方法 1：从插图插入图片。

在"插入"选项卡的"插图"组中，单击"图片"打开"插入图片"对话框，找到需要的图片插入即可。

方法 2：

1）将选项卡切换到"开发工具"上，然后点击"设计模式"，将光标定位到文档中需要插入图片控件的位置。

2）然后点击"图片内容控件"，这时候就能看到文档中已经插入了图片控件。

3）点击"属性"按钮，可以更改图片控件的属性。

4）想要删除的时候，在图片控件上点击鼠标右键，选择"删除内容控件"即可。

（2）联机图片。

1）在"插入"选项卡的"插图"组中，单击"联机图片"打开"插入图片"对话框。

2）在弹出的插入图片对话框中搜索需要的图片，然后选中需要的图片点击"插入"按钮。

3）拖动滑块，勾选需要的图片点击"插入"按钮。

4）插入的图片和之前的图片一样可以进行大小、位置、方向以及图片格式设置等操作。

（3）绘制形状。

1）独立的插入图形形状到文档中。

①在"插入"选项卡的"插图"组中，单击点击所需的形状，在工作区中，鼠标变为粗体加号＋形状，在要插入形状的位置按住鼠标左键绘制，图形就插入到文档中。

②图形形状有八种类型，分别为："线条""矩形""基本形状""箭头总汇""公式形状""流程图""星与旗帜""标注"。

③每类下面又有若干种形状，它们几乎囊括了常用的图形，需要什么图形，选择它就能插入到文档中，不需要用笔绘制。

④"形状"菜单中除有介绍的这八种类型外，排在第一的是"最近使用的形状"，这主要是方便选择，每当我们选择一种形状后，这种形状就会排到"最近使用的形状"的第一位，以方便下次使用。

⑤若要创建规范的正方形或圆形（或限制其他形状的尺寸），请在拖动的同时按住Shift。

2）用"新建画布"绘制新图形。

在文档的一处要插入多个图形，最好把它们插入到一个绘图画布中，这样方便排版和整体删除。

①把光标定位到要绘制画布的位置，单击"形状"，在弹出的菜单中，选择最下面的"新建绘图画布"。

②画布恰好与文档编辑区一样宽，接下来就可以在里面插入形状了。图形绘制好后，Word 2016 自动切换到"格式"选项卡，此时，屏幕左上角也有"插入形状"。

③要绘制什么形状从屏幕左上角的"插入形状"这里选择就可以了，不必再返回"插入"选项卡。如果觉得不方便选择，可以单击"插入形状"右下角的"其他"（就是"一横＋小三角图标"），会弹出跟"插入"选项卡中的"形状"一样的菜单。

3）绘制任意图形。

在 Word 2016 中，有三种形状可以绘制任意图形，分别为：曲线、任意多边形和自由曲线，无论选择哪一种，鼠标都会变为十字形，然后就可以自由绘制。

鼠标变为十字形，把鼠标移到绘制图形的起点处，按住左键就会拖出图形，放开左键则绘制出一个图形，继续移到鼠标，在要停的位置单击一下左键，又绘制出一个，如此反复直到绘制结束。

4）删除图形形状。

①对于单个形状，只需选中它，按键盘上的 Delete 键就能删除。

②对于绘图画布中的图形，如果要删除一个，与上面的删除方法相同；如果要删除全部，选中绘图画布，按 Delete 键，把绘图画布删除，则所有形状随之被删除。

（4）SmartArt。

SmartArt 图形是信息和观点的视觉表示形式。可以通过从多种不同布局中进行选择来创建 SmartArt 图形，从而快速、轻松、有效地传达信息。

在 Word 2016 文档中创建 SmartArt 图形时，需要选择一种 SmartArt 图形类型，例如"流程""层次结构""循环"或"关系"。

1）打开 Word 文档，在功能区切换到"插入"选项卡，单击"插图"组中的"SmartArt"按钮。

2）打开"选择 SmartArt 图形"对话框，选择需要的 SmartArt 图形类型。单击左侧9 种类型中需要的选项，在中间的选项面板中可以选择需要的图标，在窗口右边显示了该列表的彩图，并在彩图下面显示它的名称和用途，选中图形后单击下方的"确定"（或双击图形列表），图形就被插入到文档中了。

3）在文档中插入 SmartArt 图形，此时会自动切换至"设计"选项卡，在"在此键入文字"对话框输入相应的文本内容。

4）在"设计"选项下，可以对"创建图形""版式""更改颜色""SmartArt 样式""重置"进行操作。

①创建图形。

如果 Word 2016 内置的 SmartArt 图形没有符合要求的，只能插入跟需求最接近的 SmartArt 图形，然后把它调整为满足要求的图形，这就要用到添加形状、升级、降级、上移、下移与布局，这些功能都是调整 SmartArt 图形的基本操作，掌握它们才能制作出满足实际需要的 SmartArt 图形。

——添加形状。

方法 1：结构图中的小方框不够用，想添加，可以右键单击，在弹出的快捷菜单中单击"添加形状"，根据实际情况选择"在后面添加形状"或者是"在前面添加形状""在上边添加形状""在下边添加形状"。

方法 2：单击屏幕左上角的"添加形状"右边的小三角，在弹出的菜单中选择"在前面添加形状"，则左边添加了一个形状。

新添加的形状没有"文本"，如果不能把光标定位到其中，同样可以右键，在弹出的菜单中选择"编辑文字"就能聚焦了。

——添加项目符号。如果想在形状中添加一个项目符号，则可以用到 SmartArt 图形中的添加项目符号功能。

——文本窗格。SmartArt 图形是由一个形状和文本再加连接形状的线条组成，每个形状都需要添加文本，并且有的形状需要添加一主一次两类文本。

向 SmartArt 添加文本有两处，一处是直接在形状中添加，另一处是在"文本窗格"中添加。我们先在文本窗格中添加，单击要添加文本的形状中的文本，原有的文本不见了，只有光标等待输入。

拖动组织结构图总框周围的控制点，来调整组织结构图的大小。

——升降级。升级就是把 SmartArt 图形中下面的形状往上移。降级就是把 SmartArt 图形中下面的形状往下移。对文字和图形进行升降，使其改变主次。

——上下左右移。上 / 下移是把 SmartArt 图形中的形状平级往前 / 后移。

从右到左：改变组织结构图的左右顺序。

图形以 S 形移动，下移时，从第一排的右边移动到左边，继续时下移到第二排右边再下移时，就又从这一排从右移动到左边。上移时方向相反，从第二排的左边上移到本排的右边，再上移时会移动到第一排的左边，再上移就移动到第一排的右边了。

——布局。布局只能在层次结构类别中使用，我们更换一下布局。这时可以看到提供了四种组织架构图：标准、两者、左悬挂、右悬挂。

②版式。

——更改图形的布局。点击右下角的三角箭头，打开当前使用的层次结构图，若没有需要的，可以单击"其他布局中"，打开"选择 SmartArt 图形"对话框，选择需要的 SmartArt 图形类型。

——图片转换为 SmartArt 图形。在"图片工具"选项下的"格式"中，将所选的图片转换为 SmartArt 图形，可以轻松地排列、添加标题并调整图片的大小等操作。

5）更改颜色。

方法 1：选中要进行美化的 SmartArt 图形，切换到"SmartArt 工具"下的"设计"选项卡，单击"重置"组中的"重设图形"按钮。

方法 2：可以选择预设的组织结构图颜色。有六种个性色可供选择，更改应用于图形的颜色变体。也可以"重新着色 SmartArt 图形中的图片"。

方法 3：也可以点击鼠标右键，在弹出的快捷菜单中选择"设置形状格式"来进行更详细的设置。打开"设置形状格式"，对"效果"下的"阴影""映像""发光""柔和边缘""三维格式"和"三维旋转"进行设置。

方法 4：也可以在"SmartArt 工具"选项下的"格式"中进行颜色的更改。

6）SmartArt 图形更改样式。

①提供了一些选择样式，但没有一次全部显示。单击"其他"（就是"一横 + 小三角"图标）会一次显示所有"SmartArt 样式"，在弹出的样式中选择。

②样式中有"文档的最佳匹配对象"和"三维"。当前使用的是三维样式"优雅"型。

7）重置。

放弃对 SmartArt 图形所做的全部格式更改。

如果你觉得还不过瘾，还可以在"SmartArt 工具"下方的"格式"选项中对字体、颜色形状等继续进行设置。

（5）图表。

图表能直观地显示数据的变化趋势，常用于表示一年中每个季节或每个月数据的变化情况，例如表示一年十二个月产品的销售情况。由于图表具有直观的特点，因此被广泛应用，所以在实际工作中常常需要绘制图表。

在 Word 2016 中，不用我们用笔绘制图表，Word 内置了多种图表类型，只需选择一种插入即可；如果内置的图表没有满足要求的，可以插入一种最接近的，再通过绘制来调整即可。插入的图表默认带一些数据，我们可以修改或删除它们，也可以添加新数据。

1）插入图表。

①把光标定位到要插入图表的位置，选择"插入"选项卡。

②单击"图表"，插入一个图表并切换到图表编辑窗口。

③插入图表时不能选择类型，默认插入"柱形图"，它也是用得比较多的类型。如果想换其他类型，单击"图表类型"，在弹出的类型中选择一种。

④ Word 2016 中，共有 18 种图表类型，可以分为这几类：柱形、条形、锥形、圆环、饼形、面积、曲面、拆线、散点和气泡图，需要什么类型选择即可。

⑤把鼠标移到外框的其中一个黑点上，鼠标变为双向箭头，从内向外拖，可以改变图表大小。

2）图表添加数据。

柱形图下有一个数据表，已经有了系列 1、系列 2 和系列 3，类别 1 到类别 4 的数据，想再添加，可以单击第五行的第一个单元格把光标定位到那里，虽然没有出现光标，但单元格的四周已经用粗黑线框住了，此时已经可以输入文字进行添加。

文字添加完毕，图表中的柱条也会立即出现，可以对其进行颜色粗细等的修改。

3）图表删除数据。

①图表删除数据有两处，一处是在数据表中，另一处是在图形中。先在数据表中删除，右键要删除的行，在弹出的菜单中选择"清空内容或删除"，与之对应的柱条也被删除。

②在图形中删除。右击柱条，在弹出菜单中选择"清除"，则添加的所有柱条被删除，与之对应的数据只是变为灰色，并没有被删除。

③如果想恢复，只需添加行的其中一个单元格，再单击一下任意处，被删除的柱条又会显示。

4）设置图表。

双击图表进入编辑窗口，从左边的"图表布局"（"添加图表元素""快速布局"）、"图表样式"（"更改颜色"）、"数据"（"切换行/列""选择数据""编辑数据""刷新数"）到右边的"更改图表类型"，单击打开可打开它们的下拉列表框，根据需要选择进行设置。

——图表布局。

首先，添加图表元素。在编辑窗口左上角，"图表布局"选项中，单击"添加图表元素"右下角的小三角，在打开的下拉列表框中有：坐标轴、坐标轴标题、图表标题、数据标签、数据表、误差线、图例、线条、趋势线及涨/跌柱线，每项后面还有向右的黑三角，打开下拉菜单，根据需要进行设置。接着，快速布局。有 11 种现成的布局可供选择使用，方便快速。

——更改颜色。有 4 种彩色调色板和 13 种单色调色板，可根据需要进行选择使用。

——图表样式。有 14 种样式可供选择。

——数据。点击选项"编辑数据"下的黑三角，打开在"在 Excel 中编辑数据"，打开 Excel，这时"切换行/列"和"选择数据"由灰色不可用转为可使用状态，根据需要进行操作。

——更改图表类型。有 15 种图表类型，每个类型下又有若干个。

（6）屏蔽截图。

在 Word 和 Excel 的"插入"中还增加了"屏幕截图"功能，可以直接截取电脑图片，并且图片可以直接被导入到文档中进行编辑修改。下面以 Word 为例讲解。

1）可用的视窗截图。

在"插入"选项卡的"插图"组中，单击"屏幕截图"，出现可用的视窗，根据需要单击选择即可插入当前光标处。

2）屏幕剪辑。

是获取部分屏幕的快照并将其添加到文档。单击"屏幕截图"，在弹出的框中选择"屏幕编辑"，出现黑色"+"拖动鼠标进行区域选择，选中你要截图的区域后松开鼠标，截图就自动添加到 word 文档的光标处了。

3）选中的截图可以改变图片的宽度和高度，也可以对图片进行方向的旋转以及图片格式设置等操作。

3. 加载项

（1）获取加载项。

查找加载项，将新功能添加到 Office，简化任务，并连接到每天使用的服务。点击以后会打开 Office 加载项。

1）我的加载项。

从拥有的 Office 应用商店插入加载项，使用箭头键可在选项卡项目之间导航，按 Tab 键可选择第一个项目。

2）管理员托管。

插入已分配的加载项。使用箭头键可在选项卡项目之间导航，按 Tab 键可选择第一个项目。

3）应用商店。

从 Office 应用商店查看你可能感兴趣的特色加载项。使用箭头键可在选项卡项目之间导航，按 Tab 键可选择第一个项目。

（2）启动与禁用。

1）点击左上角的"文件"，在弹出的界面，点击"选项"，在"选项"界面，点击"加载项"。

2）弹出的界面，我们点击管理边上的下拉箭头，然后选择其中一个加载项，之后我们点击"转到"。

3）弹出的界面，我们想要开启某些加载项就点击勾选上，点击确定即可。关闭的话，我们将勾选取消掉，点击确定就可以了。

4）在"加载项"下，我们点击"管理"边上下拉箭头，然后我们点击"禁用项目"，之后我们点击"转到"。

（3）查看加载项，如图 2-1-100 所示。

4. 链接的操作

（1）通过书签制作超链接。

书签使用超链接，使您能够跳转到文档的特定位置。以下是工作方式：

方法步骤：

1）先把要做超链接的目录，建立一个标题，然后选中需要跳转的文本内容，选择工具选项卡"插入"下的"书签",输入书签的名称,点击"添加",如图 2-1-101 所示。

图 2-1-100 查看加载项

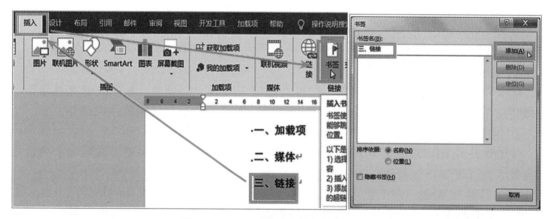

图 2-1-101 通过书签制作超链接

2)书签做完以后,在标题中选中要跳转的文本内容,选择工具选项卡"插入"下的"链接"。在"连接到:"选项卡下,选择"本文档中的位置 ©",在"书签"下选择需要跳转的标题书签,点击"确定"。

3)设置了链接的标题文本显示为深红色且有下划线标记,鼠标移动至该标题文本,则会提示"按住 Ctrl 并单击可访问链接"。Ctrl+ 左键单击,会自动跳转至文档文本位置。

4)在文本中,选择需要跳转的文本,选择工具选项卡"插入"下的"链接",在"连接到:"选项卡下,选择"本文档中的位置 ©",在"标题"下选择保存的需要跳转的书签,点击"确定"。

5)设置了链接的文本内容显示为蓝色且有下划线标记,鼠标移动至该文本,则会提示"按住 Ctrl 并单击可访问链接"。Ctrl+ 左键单击,会自动跳转至标题书签文本。

5.批注

批注指阅读时在文中空白处对文章进行批评和注解，作用是帮助自己掌握书中的内容。

选择"插入"选项卡，单击"批注"按钮，右侧出现批注栏，可输入批注内容及答复内容，在插入批注的位置出现批注图示。

6.插入文本

（1）插入文本框。

先选择要插入框框的文字，然后在"插入"选项下，单击"文本"选项下的"文本框"，在出现的"内置"中有35种可供选择，还有office.com中的其他文本框以及可以绘制横排或竖排的文本框，根据需要进行选择操作。

（2）插入文档部件，如图2-1-102所示。

在文档的任意位置插入预设格式的文本、自动图文集、文档属性和字段。要在文档中重复使用内容，请将其选中并保存到文档部件库，包括自动图文集、文档属性、域、构建基块管理器，将所选内容保存到文档部件库。

图2-1-102 插入文档部件

（3）插入艺术字。

使用艺术字文本框为文档增加一些艺术特色。

①插入艺术字。

方法1：选中要改成艺术字的文字，然后点击"插入"选项卡下"文本"中的"艺术字"，选择需要的样式。

方法2：点击"插入"选项卡下"文本"中的"艺术字"，选择需要的样式，然后就会弹出一个输入框"请在此放置您的文字"，输入你要的文字就可以了。

②设置艺术字。

当鼠标放置在文本边框上时，选项上会出现"图片工具"以及"格式"。根据需要在"格式"选项下对"插入形状""形状样式""艺术字样式""文本""排列"以及"大小"进行操作。

——插入形状。

插入形状和"插图"里的"形状"是一样的。

编辑开关：更改绘图的形状，或将其转变为任意多边形。没有"线条"和"最近使用的情况"。

文本框：可以绘制横/竖排文本框。

——形状样式。

形状填充：使用纯色、渐变、图片或纹理填充选定的形状。

形状轮廓：为形状轮廓选择颜色、宽度和线型。

形状效果：对选定形状应用外观效果（如阴影、发光、映像或三维旋转）。

——艺术字样式。

文本填充：使用纯色、渐变、图片或纹理填充文本。

文本轮廓：通过选择颜色、宽度和线型来自定义文本轮廓。

文字效果：使工作更加赏心悦目。为文字添加这视觉效果（如底纹、发光或反射）。

——文本。

文字方向：将文字方向更改为垂直或堆积排列，或将其旋转到所需的方向。

对齐文本：更改文本框中文字的对齐方式。

创建链接：使文本从一个文本框流向其他文本框。单击空的文本框以将其链接到当前文本框。

——排列。

位置：选择所选对象在页面上显示的位置。文字将自动环绕对象，使其仍然易于阅读。

环绕文字：选择文字环绕所选对象的方式。

上移一层：将所选对象上移一层，或将其移至所有其他对象前面。

下移一层：将所选对象后移一层，以便它隐藏在更多对象后面。

选择窗格：查看所有对象的列表，这使得能够更加轻松地选择对象、更改其顺序或更改其可见性。

对齐对象：更改所选对象有页面上的位置。这非常适合于将对象与页面的边距或边缘对齐，也可以相对于彼此对齐它们。

组合对象：将多个对象结合起来为单个对象移动并设置其格式。

旋转：旋转或翻转所选对象。

——大小：更改高度与宽度，与"布局"操作一样。

（4）插入首字下沉。

首字下沉指的是在段落开头创建一个大号字符。首字下沉常用于文档或章节的开头，在新闻稿或请帖等特殊文档中经常使用，可以起到增强视觉效果的作用。Word 2016 的首字下沉包括下沉和悬挂两种方式。

方法 1：通过选项组中"添加首字下沉"列表设置。

方法步骤：

1）打开 Word 文档，将插入点光标放置到需要设置首字下沉的段落中。在"插入"选项卡的"文本"组中单击"首字下沉"按钮，在打开的下拉列表中选择"下沉"选项，段落将获得首字下沉效果。

2）选择"悬挂"命令，则段落的首字下沉效果。

方法 2：通过"首字下沉"对话框来设置。

方法步骤：

1）在"首字下沉"下拉列表中选择"首字下沉选项"选项。

2）打开"首字下沉"对话框，在对话框中首先单击"位置"栏中的选项设置下沉的方式，这里选择"下沉"选项。在"字体"下拉列表中选择段落首字的字体，在"下沉行数"增量框中输入数值设置文字下沉的行数，在"距正文"增量框中输入数值设置文字距正文的距离。完成设置后单击"确定"按钮即可。

技巧点拨：如果不需要对首字下沉效果进行自定义，可以直接在"插入"选项卡的"首字下沉"列表中选择"下沉"或"悬挂"命令来创建首字下沉效果。如果要取消首字下沉效果，只需要单击"无"选项即可。

（5）插入签名行。

插入一介签名行，用于指定必须签名的人。

若在插入数字签名，则需要获取一个数字标识，如从经过认证的 Microsoft 合作伙伴处获取的数字标识。

（6）插入时间日期。

快速添加当前日期或时间。

方法 1：利用"日期和时间"按钮插入日期和时间。

方法步骤：

1）切换至"插入"选项卡，在"文本"选项组中单击"日期和时间"按钮。

2）在弹出的"日期和时间"对话框的"可用格式"列表中根据个人需要进行选择，并选择"语言（国家 / 地区）"。

技巧点拨： 在"日期和时间"对话框中，若勾选"自动更新"复选框，则插入的日期和时间会随着日期和时间的改变而改变。

方法 2：

按下"Alt+Shift+D"快捷键即可快速插入系统当前日期，按下"Alt+Shift+T"快捷键即可插入系统当前时间。

（7）插入对象。

插入嵌入对象，（例如其他 Word 文档或 Excel 图表）。

（8）插入页眉和页脚。

1）插入页眉。

在 Word 2016 中为用户提供了 20 种页眉样式以供用户直接套用。插入页眉的方法：

方法 1：在"插入"选项卡的"页眉和页脚"选项组中，单击"页眉"按钮，展开页眉列表菜单，在"内置"可以看到 Word 2016 提供的多种页眉样式，可以选择需要的模式，也可以自己编辑。

方法 2：可以双击页面顶部左右两边的页边距，弹出"页眉"按照方法 1 进行操作。

2）Word 2016 单独设置不同页眉。

①首先打开 Word，点击"插入"菜单。

②在"插入"菜单的子菜单中，找到"页眉和页脚"先输入第一页要的页眉名称，如"第一章 ×××"。双击空白处退出。

③在"布局"菜单下的子菜单"分隔符"，点击下拉箭头，在子菜单中选择"下一页分节符"，如图 2 - 1 - 103 所示。

④在新的一页中，再次在"插入"菜单中找到"页眉和页脚"子菜单。单击"编辑页眉"。

⑤在出现的"页眉和页脚工具"菜单中，注意图 2 - 1 - 104 所示的"链接到前一条页眉"图标，默认这个图标是选中的，可以看到这个图标是按下去的状态。

⑥点击"链接到前一条页眉"图标，让其处于未选中状态，如图 2 - 1 - 105 所示。这样之后，再来编辑页眉文字，如"第二章节 ×××"，点击关闭，退出页眉的编辑页面。以此类推往下做即可。

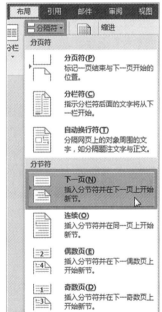

图 2 - 1 - 103　下一页分节符

3）插入页脚的方法。

在 Word 2016 中为用户提供了 20 种页脚样式以供用户直接套用，或者用户可以根据自身的需要插入统一的页脚样式和自行设计页脚样式。

方法 1：在"插入"选项卡的"页眉和页脚"选项组中，单击"页脚"按钮，展开页脚列表菜单，在"内置"可以看到 Word 2016 提供的多种页脚样式，可以选择需要的模式，也可以自己编辑。

方法 2：双击页面底部左右两边的页边距，弹出"页脚"按照方法 1 进行操作，如图 2-1-105 所示。

图 2-1-104　链接到前一条页眉　　　　图 2-1-105　双击页边距

4）插入页码。

如果 Word 2016 文档直接套用内置的页边距尺寸，可以从页边距列表中选择系统提供的选项来进行自动设定。

步骤 1：打开 Word 文档，在"插入"选项卡的"页眉和页脚"选项组中，单击"页码"按钮，展开页码列表菜单，可以看到 Word 2016 提供 20 种位置的页码选项，根据需要进行选择。

技巧点拨：如果用户需要设置其他样式的内置页码，可以继续在"页码"列表中选择。如果要取消设置的页码，可以在"页码"列表中选中"删除页码"选项即可。

7. 插入符号

（1）公式。

1）通过手写插入公式。

①在"插入"选项卡下找到"公式"选项，可以看到许多常用公式是可以直接选择的。

②当所需公式没有的时候，用键盘输入又太麻烦，可以试试"墨迹公式"功能。点击"公式"，选择"墨迹公式"。

③在弹出的窗口内，写入所需公式，当公式内包含上角标下角标符号时，使用墨迹公式可以更迅速得到。例如， 对着红色这个公式点击一下，再点击公式选项小三角。

④另存为新公式…：在"新建构建基块"中进行操作保存为新的公式，如图 2-1-106 所示。

⑤线性：由原来的专用 $a^x + b_1 = y$ 变成 $a\text{\textasciicircum}x + b\_1 = y$。

⑥更改为"显示"：更改为显示之后公式页面"居中"了，在这个情况下，对齐方式也能正常使用了。

在 Word、Excel、PowerPoint 中都支持该功能，赶紧试试吧！

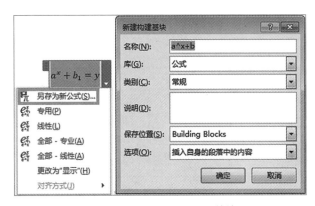

图 2-1-106 新建构建基块

（2）符号。

添加键盘上没有的符号。从各种选项（包括数字符号、货币符号和版权符号）中进行选择。

方法步骤：

1）点击"插入"选项卡下的"符号"选项组，在"符号"下出现常用的符号可以直接插入。

2）若没有，可以打开"其他符号"，在"符号"对话框进行添加插入即可。

（3）编号。

向文档添加数字。Word 具有可用于显示数字的各种格式（如字母和罗马数字）。

方法 1：点击"插入"选项卡下的"符号"选项组的"编号"。

方法 2：在"编号"对话框中选择好需要的编号后直接单击"确定"添加即可。

方法 3：在"开始"菜单下的"段落"选项中选择"编号"，根据需要进行操作。

五、"审阅"选项卡

共有的有校对、辅助功能、语言、中文简繁转换、新建批注、比较和保护几个组，以 Word 2016 文档进行操作介绍。

1. 校对

（1）拼写和语法（F7）。

用户在使用 Word 文档输入文本时，经常会在一些字词的下面看到红色和蓝色的波浪线。这些波浪线是由 Word 的拼写和语法检查功能提供的，这种功能非常有利于用户发现在编辑过程中出现的拼写或语法错误。下面介绍 Word 2016 文档中对拼写和语法进行校对的具体步骤。

方法步骤：

1）打开 Word 文档，切换至"审阅"选项卡，在"校对"组中单击"拼写和语法"按钮。

2）打开"语法"对话框，此时会定位到第一个有拼写和语法错误的地方，对有错误的词组进行修改后，查找下一个错误至检查完成即可。

（2）同义词库（Shift+F7）。

在阅读英文文章中，有时候我们要找到某一个单词的同义词，如果在网络上找比较麻烦，Word 本身就有英语同义词库，如何打开和使用同义词库呢？

方法步骤：如图 2 - 1 - 107 所示。

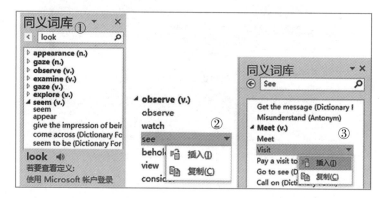

图 2 - 1 - 107　同义词库

1）打开 Word 字处理软件，为了方便说明起见，只输入一个英文单词 look。按下组合键 Shift+F7 可以打开英文同义词库。

2）单击"审阅"选项卡选择功能区的"同义词库"。

3）右边的面板小窗口就显示单词 look 的所有同义词词条和词组。

4）选择适合本文语境的同义词，光标移到该单词处时，显示一个下拉三角，单击下拉三角，出现两个选项，插入和复制。

5）单击插入，这个同义词就插入文档，注意默认情况下，打开同义词库时原来的单词 look 被选中，如果你直接单击插入按钮，就是替换，如果不想替换，就在 look 后面单击一下，再单击插入选项。

6）如果单击复制，就复制到剪切板。一般来说，使用同义词库就两个目的，一是了解词义，二是用同义词替换原来的词汇。

（3）Word 2016 文档中统计文档字数的方法。

当完成对 Word 文档的创建和编辑后，可通过字数统计信息查看文档的页数、字数、字符数、行数、段落数等信息。

打开 Word 文档，选中文档所有内容，切换至"审阅"选项卡，在"校对"组中单击"字数统计"按钮。弹出"字数统计"对话框，显示出统计的具体信息，如页数、字数、段落数、行数等。

2.辅助功能

检查辅助功能，请将其包含在内。请确保你的文件遵循可访问性最佳做法。我们将提供易遵循的指示或建议，帮助你快速解决问题。

在"审阅"菜单下选择"检查辅助功能"，打开"辅助功能"对话框，在"检查结果"中查看操作即可。

智能查找：通过查看定义、图像和来自各种联机源的其他结果来了解有关选择的文本的更多信息。

3.语言

（1）翻译：使用双语字典和联机服务将文本翻译成不同语言。

（2）语言：选样校对工具（如拼写检查）的语言，还可以设置其他语言首选项，包括编辑、显示、帮助和屏幕提示语言。

1）设置校对语言。

选择所选文本的语言，每次检查拼写和语法时会记住使用此语言。

2）语言首选项。

设置编辑、显示、帮助和屏幕提示的语言。编辑语言启用特定于语言的功能，包括词典、语法检查和排序。

3）更新输入法词典 。

将所选词加入输入法词典，使其以后可被识别。

4）更改默认输入法。

在通常情况下，当我们使用 Word 2016 编辑文档时，无论你当前使用的是什么输入法，一打开便会自动切换到微软自家的输入法。那么，怎么才能是自己指定的第三方输入法呢？

方法 1：替换默认输入法。

方法步骤：

1）打开控制面板或按下快捷键 Win+R，打开运行窗口，然后在运行窗口中输入 control 也可打开控制面板。

2）在打开的控制面板中点击"更换输入法"。

3）在打开的新页面中点击左上方的"高级设置"。

4）在高级设置中，点击替换默认输入法下的选择框，将该项选择为你想替换成的输入法，然后，点击下方的"保存"按钮。

方法 2：在 Word 2016 中的设置。

方法步骤：

1）打开 Word 2016，点击菜单"文件"→"选项"。

2）在 Word 选项窗口中，首先选择"高级"，然后在右方找到"输入法控制处于活动状态"并取消该项的勾选，最后点击"确定"关闭设置窗口。

3）重新启动系统。现在我们再去打开 Word。

4）中文简繁转换。

在 Word 2016 中可对文档进行简繁转换，既可将简体转换为繁体，也可将繁体转换为简体，如图 2-1-108 所示。

方法步骤：

1）打开 Word 文档，选择文档中所有内容，切换至"审阅"选项卡，在"中文简繁转换"组中单击"简转繁"按钮。

2）可以看到文档从简体中文全部转换为繁体中文。

技巧点拨：

若用户需将繁体中文转换为简体，可单击"繁转简"按钮。另一种开启简繁互换功能的按钮是"简繁转换"，会弹出"中文简繁转换"对话框，选择转换方

图 2-1-108 中文简繁转换

向后单击"确定"按钮即可。

4. 批注

（1）新建批注，如图 2 - 1 - 109 所示。

方法 1：

方法步骤：

1）先选中需要新建批注的文字，右击鼠标，选择"新建批注"。

2）在右侧出现的批注框中写下你的批注就可以了。

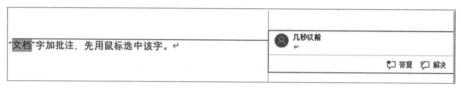

图 2 - 1 - 109　新建批注

方法 2：

方法步骤：

1）在选项卡上点击"审阅"。

2）用鼠标选中要批注的文字，在功能区选择："新建批注"，然后在右边的批注框中写下批注就可以了。

（2）删除批注：在批注框内任意位置，点击鼠标右键，选择"删除批注"即可。

5. 比较

比较两个文档以查看它们之间的差异，也可以将来自不同作者的修订组合到单个文档中，如图 2 - 1 - 110 所示。

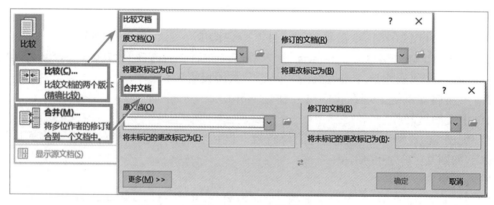

图 2 - 1 - 110　比较

6. 保护

（1）限制作者：阻止其他人更改所选文本。

（2）限制编辑：Word 2016 中可以对文档进行限制编辑设置，但是我们需要对其进行再次编辑。那么，该如何取消对文档保护呢？方法步骤如图 2 - 1 - 111 所示。

方法步骤：

1）在打开的 Word 2016 程序窗口，点击"打开其他文档"，打开需要编辑或者修改的 Word 文档。

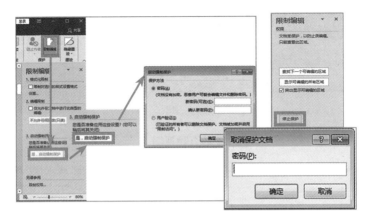

图 2 - 1 - 111　限制编辑

2）在打开的 Word 文档窗口中，打开菜单栏的"审阅"选项卡，在审阅菜单选项卡中依次点击"保护→限制编辑"选项命令。

3）点击限制编辑选项命令后，这个时候会打开"限制编辑"对话框。

4）在打开的限制编辑对话框中，点击"停止保护"选项按钮。

5）在打开的取消保护文档对话框中，输入设置的保护密码，再点击"确定"按钮。

6）返回到 Word 文档，即可对 Word 文档再进行编辑。

7. 墨迹

墨迹指字画的真迹或用墨留下的残迹。

墨迹书写的开启。

提示：需要电脑支持触摸和手写笔功能才可使用此功能，其他为灰色不可选项。

方法步骤：

1）打开 Word 软件，选择"文件"，选择"选项"。

2）打开自定义功能区，在"自定义功能区"中选择"主选项卡"，然后选择"新建选项卡"，之后将新建选项卡和名称和组名称分别设置成笔和墨迹书写。

3）将"从下列位置选择命令"设置为"所有命令"，然后在下方列表中找到"开始墨迹书写"选项，选中之后选择右侧"墨迹书写（自定义）"按钮，然后选择添加，之后点击"确定"即可。

4）打开笔选项，打开开始墨迹书写，使用墨迹书写功能画图即可。

六、"视图"选项卡

包括文档视图、显示、缩放、窗口和宏几个组，主要用于帮助用户设置操作窗口的视图类型，以方便操作，以 Word 2016 为例学习讲解。

1. Word 2016 的五种视图

打开"视图"选项卡，如图 2 - 1 - 112 所示，看到视图分组，前三个常用，后两个较少使用。一般我们多的是使用"页面视图"。在窗口的右下角也可以看到三种视图的按钮。

图 2 - 1 - 112　视图选项卡

（1）阅读视图。

这种视图模式的最大特点是便于用户阅读文档。它模拟了书本的阅读方式，让人感觉在翻阅书籍，这也是阅读视图名字的由来。点击向右的箭头翻到下一页，向左的箭头是往前翻页。点右下角的页面视图可以返回（或者按 Esc 键同样可以返回）。

这种视图选项只有文件、工具和视图三项，也可以自动隐藏工具栏。

（2）页面视图。

页面视图就像一页纸一样，显示的文档与打印出来的结果几乎是完全一样的，也就是"所见即所得"，文档中的页眉、页脚、分栏等显示在打印的实际位置。与视图模式的差别在于形式不一样。在"文件"→"打印"→"打印预览"，看看要打印的效果。

（3）Web 版式视图。

Web 版式视图一般用于创建 Web 页，它能够模拟 Web 浏览器来显示文档。在 Web 版式视图下，以适应窗口的大小自动换行也就是到窗口的边自动换行。其实与用百度浏览器看文档是差不多的。可以看到，页面视图有换行，这里一直延伸到窗口的边才换行。不管缩放到多大都是到窗口边就换行了。

（4）大纲视图。

大纲视图经常是查看文档的结构，切换到大纲视图后，屏幕上会显示"大纲"选项卡，通过选项卡的命令可以选择仅查看文档的标题、升降各标题的级别。

使用大纲视图的前提是要在"开始"选项里设置"样式"，这样每一个标题都会显示出来。

（5）草稿视图。

草稿视图可以完成大多数的录入和编辑工作，也可以设置字符和段落的格式，但是只能将多栏显示为单栏格式（分栏看不到），页眉、页脚、页号、页边距等显示不出来。页与页之间用一条虚线表示分页符；这样更易于编辑阅读文档。如果页面视图两页之间的距离太大，看着不舒服，在两页之间双击。

如果想节省页面视图的屏幕空间，可以隐藏页面之间的页边距，将鼠标指针移动页面的分页标记上并双击，前后页之间的显示就连贯了；如果要显示页面之间的页边距，就把鼠标指针移动页面的分页标记上，再次双击即可。

2.显示

（1）标尺：查看文档旁边的标尺。可以查看和设置制表位、移动表格边框和对齐文档中的对象。此外，可以进行测量。

（2）网格线：在文档背景中显示网格线，以便实现完美的对象放置。网格线使您能够轻松地将对象与其他对象或页面上的特定区域对齐。

（3）导航窗格：打开它如同是您的文档的浏览指南。单击标题、页面或搜索结果即可访问相应的结果。

3.缩放

（1）🔍 显示比例：缩放到合适的级别。为轻松缩放，请使用状态栏中的控件。

（2）💯 100%：将文档缩放至 100%。

（3）📄 单面：更改文档的显示比例，以便在窗口中查看整个页面。

（4）📖 多页：更改文档的显示比例，以便在窗口中查看多个页面。

（5）📃 页宽：更改文档的显示比例，使页面宽度与窗口宽度一致。

4.窗口

（1）新建窗口：为您的文档打开另一个窗口，以便您可以同时在不同的位置工作。

例如：之前的文档是"视图的操作"，新建窗口之后就会出现"视图的操作 1"和"视图的操作 2"两个不同文档名的文档，但内容是一样的。

（2）全部重排：堆叠打开的窗口以便可以一次查看所有窗口。

（3）拆分：同时查看文档的两个节。这使得能够更加轻松地在编辑一个节时查看其他节。

（4）⧉ 并排查看：不要在文档之间前后切换，而是并排查看它们，以便更加轻松地比较。并排查看的同时，屏幕会同步滚动。

（5）重设窗口位置：并排放置正在比较的文档，使它们平分屏幕。若要使用此功能，请启用"并排查看"。

（6）切换窗口：快速切换到另一个打开的窗口。

5.🖳 宏

计算机科学里的宏（Macro），是一种批量批处理的称谓。在 Word 中，宏可以把反复的指令和命令组合成一个命令，这个可以大大节省操作时间。

宏（Alt+F8）：单击可查看地、录制或暂停宏。

（1）查看宏：查看可以使用宏的列表。

（2）录制宏。

当我们需要在 Word 中反复执行同一组操作时，可以通过录制宏来大大减轻工作量，提高工作效率。

比如说，假设我们需要对多篇文档进行重新格式化，中文需要使用一种字体，英文又需要使用另一种字体，而且中英文还要全部统一修改为另一种字号。如果使用普通方法，一篇一篇的文档挨个去完成以上操作，不仅费时费力，而且还容易出错。但要是使用宏，不仅每篇文档只需要点击一次即可完成，而且可以大大减少出错率。

那么，Word 究竟怎样录制宏呢？下面，就以最新的 Word 2016 为例，通过一个实际例子来教大家录制的方法，其他 Word 版本可以参照以上方法进行。

1）宏要完成的任务。

现在 Word 中有一些文字，现在需要录制一个宏来完成以下操作：

方法步骤：

①文字全选。

②修改字体为微软雅黑。

③再修改字体为 consolas（目的是使其中的英文变为 consolas，因为这是一个英文字体，只会对英文起作用，中文仍会是微软雅黑）。

④将所有文字的字号修改为 11 号。

⑤将所有文字全选，以便利于复制。

2）录制宏的方法。

方法步骤：

①首先，在 Word 中点击"视图"菜单。

②然后，点击"宏"菜单项下面的小箭头，再在弹出的子菜单项中点击"录制宏"，如图 2 - 1 - 113 所示。

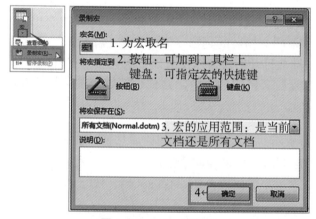

图 2 - 1 - 113　录制宏

③接着，为宏指定名称、添加方式以及应用范围。

④录制开始后，鼠标的形状会变成如图 2 - 1 - 113 所示的模样，以提示我们正在录制宏。

⑤随后，我们就可以像平常操作一样执行想进行的操作了。在这里，也就是前面所讲的内容（当然，你也可以执行想在 Word 中执行的其他任何操作）。

⑥操作完成后，我们再次回到"视图"菜单，点击子菜单项"宏"下面的小箭头，然后在弹出的菜单项中点击"停止录制"。

⑦就这样，宏就录制好了。

注意事项：

其他 Word 版本基本操作方法一样的，可以参照以上步骤进行。

七、启动、退出

Office 各个应用程序的方法基本相同。

（一）启动

（1）从开始启动：单击"开始"按钮打开→磁贴→点击打开。

（2）从打开启动：单击"文件"→"打开"选项，在"打开"页面双击"这台电脑"选项或单击"浏览"选项，打开"打开"对话框，选定要打开的文档后单击"打开"按钮，即可将文档打开。

（3）此电脑打开：双击打开"此电脑"，双击要打开的文档。

（二）退出

（1）点击文档窗口右上角的关闭按钮。

（2）双击标题栏右侧 Office 图标，单击左右键也可关闭。

（3）文件→关闭：文件菜单的关闭命令。

（4）快捷键关闭文档：Ctrl+F4（关闭文档时，如果文档有修改过但没有保存，Word 会提醒是否进行保存）。

快捷键 Alt+F4 是关闭软件。

（5）标题栏空白处任意按右键，弹出关闭。

（6）在"任务管理器"关闭。

方法 1：在电脑屏幕最下方的任务栏上右键单击，在快捷菜单中选择"启动任务管理器"。

方法 2：同时按键盘上的"Ctrl+Alt+Del"打开"任务管理器"。

方法 3：同时按键盘上的"Win+R"打开"运行"后，输入 taskmgr 后"确定"启动打开"Windows 任务管理器"，在"应用程序"中选择想要关闭的进程单击结束任务即可。

八、上下文工具栏

（一）表格工具

插入表格，会出现"表格工具"，下面有"设计"和"布局"两个选项卡。注意区分，表格的设计和 Word /PPT 选项卡的设计是有区别的。以 Word 为例讲解。

1. 设计

它对表格样式选项、表格样式、边框进行设置操作。以"表格工具"功能区设置表格边框为例。

操作步骤：

（1）在 Word 表格中选中需要设置边框的单元格、行、列或整个表格。

（2）在"表格工具"功能区切换到"设计"选项卡，在"绘图边框"功能区中分别设置笔样式、笔画粗细和笔颜色。

（3）在"设计"选项卡的"表格样式"功能区中，单击"边框"下拉三角按钮，在打开的边框选项中，设置边框的显示位置即可。Word 边框显示位置包含多种设置，例如上框线、所有框线、无框线等。

2. 布局

而布局对 Word 的表、绘图、行和列、合并、单元格大小、对齐方式、数据进行设置操作。对 Excel 的表、行和列、合并、单元格大小、对齐方式、表格尺寸、排列进行设置操作。这里以 Word "数据"功能区的表格中设置"重复标题行"为例。

方法步骤：

（1）首先用 Word 编辑一个表格，同时制作好标题行。

（2）接下来点击选项卡上的"布局"，是右侧表格工具中的"布局"，而不是 Word 的布局选项。

（3）把鼠标定位到表格的标题行，然后点击"布局"选项卡下"数据"功能区上的"重复标题行"按钮。

（4）这时可以看到其他页的标题行已自动生成了，与第一页的标题行是完全一样的。

（5）需要注意的是，除第一页外，其他页面的标题行是不可以修改的，也是不可以选择的。如果需要修改，请直接修改第一页的标题行，修改完成后，其他页面的标题行也会同时被修改。

（二）图片工具

在插入图片之后，就会自动出现图片工具下的"格式"选项卡，Word 可以对调整、图片样式、辅助功能、排列、大小进行设置操作。Excel/PPT 对插入形状、形状样式、艺术字样式、辅助功能、排列、大小进行设置操作；这里以 Word"调整"功能区中的"删除背景"为例讲解，如图 2－1－114 所示。

图 2－1－114　背景消除

如果只需要保留图片中主要图像，就可以利用删除背景的功能来将图片中的背景删除掉。当然，在删除背景的时候，用户还是需要自己来标识要保留的位置，以防误删除了需要的图像。

方法步骤：

（1）打开 Word 文档，选中要调整的图片，在功能区切换到"格式"选项卡，单击"调整"组中的"删除背景"按钮。

（2）系统自动切换到"背景消除"选项卡，在图片中有颜色的部位表示要删除的背景部分。

（3）需要保留主要的区域，可以单击"优化"组中的"标记要保留的区域"按钮。

（4）光标呈现铅笔形，利用绘图方式标记出需要保留的背景区域。

（5）绘制完毕后，单击"关闭"组中的"保留更改"按钮。

（6）已删除了图片的背景，并保留了标记的部分。

项目 2

Word 2016 文字处理

任务 1　Word 2016 简介

Word 是用于文字处理的软件，它是微软公司办公软件中的一个组件，通常用于文档的创建和排版，例如：通知、计划、总结、报告，各种表格，图文混合排版，还可以进行长文档的处理，例如排版论文、书籍等。

一、Word 2016 的工作界面

在 Word 2016 的工作界面中，所有的命令都会通过功能区直接呈现出来，用户可以在功能区中快速找到想要使用的命令。当启动 Word 2016 后，展现在用户眼前的就是 Word 2016 的工作界面，此界面主要由标题栏、功能区、编辑区、状态栏等区域组成，如图 2-2-1 所示。

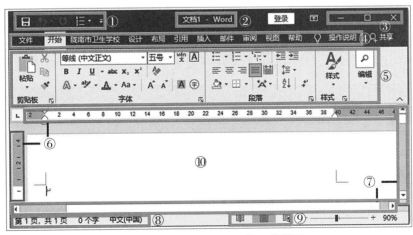

图 2-2-1　Word 2016 的工作界面

（1）快速访问工具栏：显示常用的按钮，默认包括"保存""撤销""恢复"按钮。

（2）标题栏：显示文档标题，并可以查看当前 Word 文档的名称。

（3）窗口控制按钮：可以实现窗口的最大化、最小化、关闭及更改功能区的显示

选项。

（4）功能区选项卡：显示各个集成的 Word 功能区的名称。

（5）功能区：在功能区中包括很多组，并集成了 Word 的很多功能按钮。

（6）标尺：用于显示和控制页面格式。

（7）状态栏：显示文档的当前状态，包括页数、字体输入法等内容。

（8）视图按钮：单击其中某一按钮可切换至所需的视图方式。

（9）显示比例：通过拖动中间的缩放滑块来更改文档。

（10）文档编辑区：就是文档窗口，在 Word 文档中进行文本输入和排版的地方。

二、Word 2016 工作窗口的重要组成部分概述

了解了 Word 的操作工作界面窗口后，下面对窗口中的重要组成部分进行介绍。

1. 功能区选项卡

当用户单击窗口中的标签时，即可切换到相应的功能区选项卡下，单击"开始"标签，切换到"开始"选项卡下，在该选项卡下用户可以对文档中文本内容的字体、段落、样式等内容进行操作设置。

2. 组

用户打开对话框对需要设置的内容进行更加完善的操作设置，通常打开对话框需要在其相应的"组"中单击右下角的对话框启动器按钮，即可打开相应的对话框。

组显示在选项卡中，为"开始"选项卡中的"字体"组，在该组中集成了与字体设置相关的多项操作按钮，用户可以在该组中对文档中的文本内容进行字体格式效果的设置。

3. 对话框

对话框功能是常用的操作命令按钮，用户可以很方便地在编辑文档的过程中进行操作设置。为用户单击"字体"组右下角的对话框启动器打开的"字体"对话框，用户可以切换到该对话框中不同的选项卡下对文档中的文本内容进行字体格式效果的设置。

4. 上下文选项卡

上下文选项卡功能，如图 2-2-2 所示，当用户在文档中插入图片内容时，选中插入的图片便可以打开"图片工具"上下文选项卡，切换到图片工具"格式"选项卡下，在该选项卡中用户可以对图片的格式效果进行设置，从而使其达到更好的视觉效果。

图 2-2-2 上下文选项卡

5. 库

在 Word 提供的库中，用户可以直接套用其已经设置好的样式效果，以简化对象的操作设置过程。如图 2-2-3 所示为提供的图片样式库，当用户在文档中插入图片内容后，切换到图片工具"格式"选项卡下，单击"图片样式"按钮，在展开的列表中可以看到为用户提供的图片样式库，用户可以在其中选择需要应用的图片样式效果。

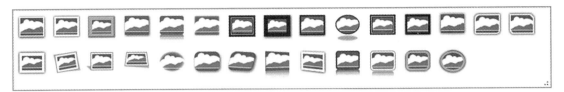

图 2 - 2 - 3 库

库是应用设计效果的快捷方式之一。它能够为用户提供一组清晰明确的设计效果，以方便在处理文档中不同对象内容的设计时选择使用。直接套用库中的样式可以大大简化对象的设置与操作过程，同时使对象达到更好的设置效果。

任务 2 Word 2016 功能操作与应用

一、中文版式

自定义中文或混合文字的版式主要有五个选项：纵横混排、合并字符、双行合一、调整宽度和字符缩进，如图 2 - 2 - 4 所示。

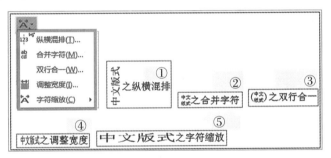

图 2 - 2 - 4 中文版式

1. 中文版式之纵横混排

将所选文本的方向更改为水平，同时保持剩余文本为垂直方向。选中要设置的文字，单击"开始"选项下的"中文版式"图标，在弹出菜单中选择"纵横混排"，打开"纵横混排"窗口，单击"适应宽度"去掉其前面的勾，我们仍然勾选"适应宽度"以确保文字纵排后只占一行，单击"确定"即可，如图 2 - 2 - 5 所示。

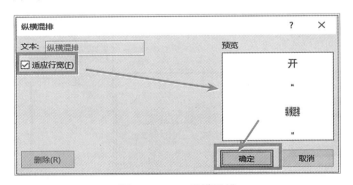

图 2 - 2 - 5 纵横混排

2. 中文版式之合并字符（见图 2－2－6）

在"中文版式"图标 ，弹出菜单中选择打开"合并字符"窗口，合并的文字最多只能为六个，可以在此设置字体和字号，根据实际需要设置即可。原来一行文字被合并为两行，但文字被缩小且仍然占一行。

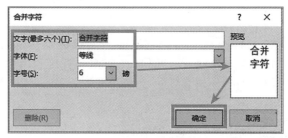

图 2－2－6　合并字符

3. 中文版式之双行合一（见图 2－2－7）

选中一段中的两行（也就是没有换行符的两行），单击"中文版式"图标，在弹出的菜单中选择"双行合一"，打开窗口，从预览效果可知，两行也被缩小为一行显示。另外，缩小后的文字可以用括号括起来，并且可以选择用什么括号，单击"带括号"勾选它，再单击其下拉列表框，共有四种括号，选择想要的一种，单击"确定"后即可。原来的两行被合并为一行显示，并括在括号里，由于只能占一行，文字同时被缩小。

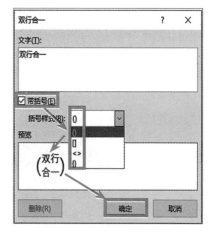

图 2－2－7　双行合一

4. 中文版式之调整宽度（前四个字是缩小一半的文字）

单击"开始"选项下"段落"区块的"中文版式"图标，在弹出菜单中选择打开"调整宽度"窗口，窗口已经显示选中字符所占的宽度，想把它们缩放成占几个字符只需在"新文字宽度后"输入想要修改的字符，单击"确定"后，选中的文字被缩放，文字看上去较之前变化很明显，如图 2－2－8①所示。

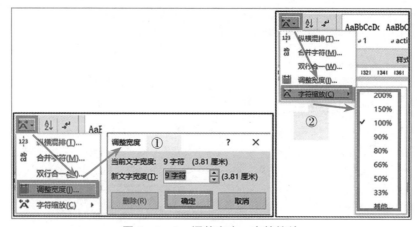

图 2－2－8　调整宽度、字符缩放

5. 中文版式之字符缩放

单击"中文版式"图标，在弹出的菜单中选择"字符缩放"，展开可供选择缩放比例。可以看出，缩放后的文字宽度被缩放，但高度依然没有变化，如图 2-2-8 ②所示。

二、插入元素的操作

1. 插入封面

除了共有的、表格、插图、加载项、媒体、链接、批注、页眉和页脚、文本和符号这几组，区别于其他的是页面。

（1）封面。

方法步骤：

1）点击 Word 文档上方菜单工具栏中的"插入"选项，在插入界面中找到页面窗口选择"封面"。

2）点击"封面"图标选项，会弹出一个封面格式列表，我们可以在格式中选择需要的封面。

3）选择一个理想的封面然后使用鼠标点击，就成功添加封面了。设置封面后会显得文档内容更加具有格调且美观，好的封面会使人们更加有代入感。

4）封面不想要了，选择"删除当前封面"即可。

（2）空白页。

1）添加空白页：从光标选定的地方，加入一个空白页。

光标定位于要插入空白页的位置，点击"插入"选项卡，点击"空白页"命令，光标就会出现在新增空白页之后的行首。

2）删除空白页。

方法 1：按空白页的所有回车符。

方法 2：转到大纲视图（"视图"→"文档视图"→"大纲视图"）下，光标放置于无用的分页符（包括分节符下一页）上，按删除键，直接删除，回到页面视图。

（3）分页：从光标选定的地方，进行一分为二，变成下一页。

2. 插入媒体

从各种联机来源中查找和插入视频。

（1）点击"插入"选项卡，在选项卡下面点击"联机视频"按钮。要求输入网页地址或嵌入代码。

（2）从"插图"下的"图片"里打开"插入图片"，找到需要的视频选中点击"插入"即可。

3. 插入签名行

插入一介签名行，用于指定必须签名的人。若在插入数字签名，则需要获取一个数字标识，如从经过认证的 Microsoft 合作伙伴处获取的数字标识。

4. 插入首字下沉

首字下沉指在段落开头创建一个大号字符。首字下沉常用于文档或章节的开头，在新闻稿或请帖等特殊文档中经常使用，可以起到增强视觉效果的作用。Word 2016 的首字下沉包括下沉和悬挂两种方式。

方法 1：通过选项组中"添加首字下沉"列表设置方法步骤：

（1）打开 Word 文档，将插入点光标放置到需要设置首字下沉的段落中。在"插入"选项卡的"文本"组中单击"首字下沉"按钮，在打开的下拉列表中选择"下沉"选项，段落将获得首字下沉效果，如图 2－2－9 所示①处。

（2）选择"悬挂"命令，则段落的首字下沉效果，如图 2－2－9 所示②处。

方法 2：通过"首字下沉"对话框来设置。

方法步骤：

（1）在"首字下沉"下拉列表中选择"首字下沉选项"选项，如图 2－2－10 所示。

图 2－2－9　下沉／悬挂

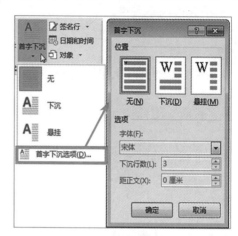

图 2－2－10　首字下沉

（2）打开"首字下沉"对话框，在对话框中首先单击"位置"栏中的选项设置下沉的方式，这里选择"下沉"选项。在"字体"下拉列表中选择段落首字的字体，在"下沉行数"增量框中输入数值设置文字下沉的行数，在"距正文"增量框中输入数值设置文字距正文的距离。完成设置后单击"确定"按钮。

5.编号

向文档添加数字。Word 具有可用于显示数字的各种格式（如字母和罗马数字）。

方法 1：点击"插入"选项卡下的"符号"选项组的"编号"。

方法 2：在"编号"对话框中选择好需要的编号后直接单击"确定"添加即可。

方法 3：在"开始"菜单下的"段落"选项中选择"编号"，根据需要进行操作。

包括文档格式和页面背景两个组，主要用于文档的格式以及背景设置。

三、设计文档格式

方法步骤：

（1）在"设计"选项卡的"文档格式"选项组中，有 17 种样式可以套用，如图 2－2－11 所示。

（2）在"设计"选项卡的"颜色"选项组中，通过选择不同的调色板快速更改文档中使用的所有颜色。这将更新颜色选取器中提供的颜色以及文档中的任何主题颜色。不管选择的调色板如何，文档看起来都会完全协调。

（3）在"设计"选项卡的"字体"选项组中，通过选择新字体集来快速更改文档中的文本。这是一次性更改所有文本的简单方法，为使之正常工作，文本必须使用"正文"

和"标题"字体设置格式。

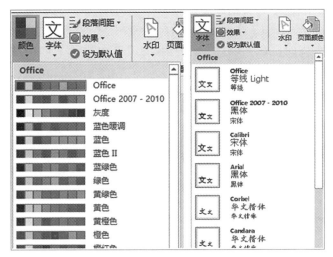

图 2 - 2 - 11　文档格式

（4）在"设计"选项卡的"效果"选项组中，快速更改文档中对象的普通外观。每个选项使用各种边框和视觉效果（例如底纹和阴影），可为你的对象应用不同的外观。

1. 页面背景

在页面内容后面添加虚影文字，例如"机密"或"紧急"。模糊的水印是表明文档需要特殊对待的好方法，不会分散他人对内容的注意力。

（1）快速套用内置水印效果。

方法步骤：

1）打开 Word 文档，在"设计"选项卡的"页面背景"选项组中，单击"水印"按钮，展开水印列表菜单。

2）在水印列表中，可以看到 Word 2016 提供的水印样式。如选中一种水印样式，即可为文档添加水印效果。

（2）自行设计文档水印效果。

如果用户对内置水印样式不满意，可以自行设计水印效果。

方法步骤：

1）打开 Word 文档，在"设计"选项卡的"页面背景"选项组中，单击"水印"按钮，在展开水印列表中选中"自定义水印"选项。

2）打开"水印"对话框，如果要设计文字水印，可以选中"文字水印"复选项激活下面的设置选项。在"文字"框中输入水印文字；在"字体""字号"和"颜色"框中设置字体效果，设置完成后，单击"确定"按钮即可。

3）在"水印"对话框中，如果要设计图片水印，可以选中"图片水印"复选项激活设置选项。单击"选择图片"按钮。

4）打开"插入图片"对话框。在对话框中选中要插入的水印图片，设置完成后，单击"插入"按钮即可。

5）如果要让图片水印清晰显示，可以取消"冲蚀"复选项，查看为文档添加水印的效果。

6）如果要取消水印设置，可以在"水印"列表中选中"删除水印"选项即可。

2. 页面颜色

通过更改页面的颜色来为文档添姿加彩。

方法步骤： 如图 2 - 2 - 12 所示。

（1）打开 Word 文档，在"设计"选项卡的"页面背景"选项组中，单击"页面颜色"按钮。

（2）在展开列表中选中"填充效果"选项。在填充效果里找到"图片"。

（3）在"图片"选项中点击进入"选择图片"进行设置，完成后"确认"即可。

图 2 - 2 - 12　更改页面颜色

3. 页面边框

添加或更改页面周围的边框。边框可吸引注意力并为文档增加时尚特色。可以使用各种线条样式、宽度和颜色创建边框，或者选择带有有趣主题的艺术边框。

四、布局的设置

包括页面设置、稿纸、段落和排列四个组，主要用于帮助用户设置 Word 2016 文档页面样式。

1. 页面设置

（1）文字方向：自定义文档或所选文本框中的文字方向。

方法步骤： 如图 2 - 2 - 13 所示①～⑦处。

1）如果只是要修改对应页面的文字方向，在该页面的前一页面单击"页面布局"，插入一个分页符，如图 2 - 2 - 13 所示，这样可以保证你只修改一个页面的文字方向，不会整个文档的文字方向都被修改。

2）单击要修改文字的页面，选择"页面布局文字方向垂直"即可。

3）不想选择"水平"和"垂直"，也可以选择对"文字方向选项…"进行设置，在文字方向 - 主文档中，选择自己想要的方向即可。

（2）页边距。

设置整个文档或当前部分的边距大小。从几种常用边距格式中选择，或者根据自己的需要自定义边距格式。

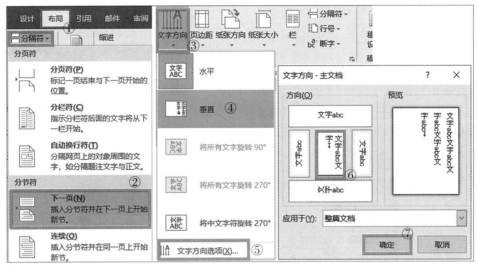

图 2-2-13 文字方向的设置

（3）纸张方向。

为页面提供横向或纵向版式。系统默认的纸张方向一般为纵向。

（4）纸张大小。

为文档选择纸张大小。纸张的大小型号是多种多样的，一般情况下用户应该根据文档内容的多少或打印机的型号设置纸张的大小。Word 2016 为用户提供了多种纸张大小样式，用户可以快速地进行套用，或者自行设计纸张大小。如果想要自定义纸张大小，可以在"布局"菜单的"页面设置"选项组中，单击"纸张大小"按钮进行设置。

方法步骤：如图 2-2-14 所示。

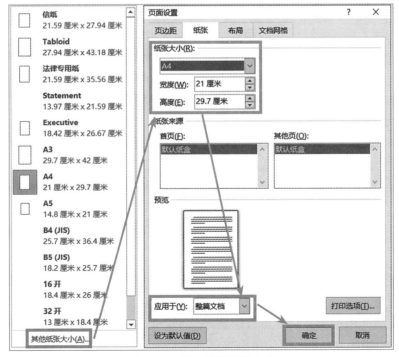

图 2-2-14 其他纸张大小

1）在展开纸张大小列表菜单中选中"其他纸张大小"选项。

2）在打开"页面设置"对话框，在"纸张大小"下拉菜单中选择"自定义大小"选项。

3）接着在"宽度"和"高度"框中，自定义纸张宽度和高度，在"应用于"框中选中"整篇文档"选项。

4）按照自定义纸张大小调整文档的纸张，完成这些设置后，单击"确定"按钮即可。

（5）分栏。

将文本拆分为一栏或多栏，也可以选择栏的宽度和间距，或使用其中一种预设格式。

（6）分隔符。

1）分页符。

① 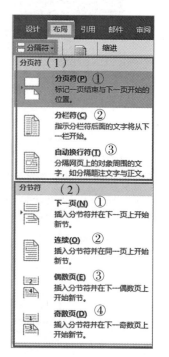 分页符：标记一页结束与下一页开始的位置。

方法步骤：

将光标定位到要插入分页符的位置，在"布局"选项卡的"页面设置"选项组中，单击"分隔符"按钮。

展开分隔符列表菜单，在列表中选中"分页符"选项，即可在光标所在的位置插入分页符，并将之后的文本作为新页的起始标记，如图2-2-15所示分页符的①处。

② 分栏符：指示分栏符后面的文字将从下一栏开始。

● 插入分栏符。

方法步骤：

打开Word文档，将光标定位到要插入分栏符的位置。在"布局"选项卡的"页面设置"选项组中，单击"分隔符"按钮，在展开分隔符列表菜单中选中"分栏符"选项，即可在光标所在的位置插入分栏符，并将之后的文本移到下一页显示。

图2-2-15　分页符/分节符

当对文档进行分栏设置后，插入分栏符所在位置之后的内容将在下一栏中显示，如图2-2-15所示分页符的②处。

● 快速删除分页符与空白页。

在文档中有一页空白，但是按删除键却删除不了，这是由于文档中插入了分页符，需要删除分页符。

要删除分页符，首先需先设置显示分页符。这里有两种方法，第一种方法较为简单快捷，第二种方法比较烦琐。

方法一：

单击"开始"选项里的"段落"选项组，单击 "显示隐藏段落标记"图标，即可显示所有分页符。

完成操作后文档中将显示分页符，删除分页符时，将光标移动至分页符之前，按下Delete键，即可删除分页符，空白页就可以去除了。注意：不是Backspace键。

方法二：

单击 Word 2016 页面左上角的"文件"选项。

进入"文件"选项之后，会出现如下菜单，再选择最后一项"选项"。

进入"选项"菜单，先单击"显示"菜单，会出现如下界面，再点击"显示所有格式标记（A）"选项前的小方格，选定后确定即可显示所有分页符，如图 2－2－16 所示。

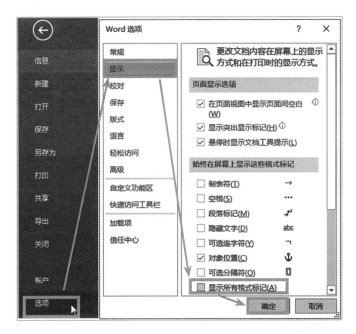

图 2－2－16　显示所有格式标记

③ 自动换行符：如图 2－2－15 所示分页符的③处，分隔页面上的对象周围的文字，如分隔题注文字与正文。

2）分节符。

Word 中的分节符可以改变文档中一个或多个页面的版式和格式，如将一个单页页面的一部分设置为双页页面。使用分节符可以分隔文档中的各章，使章的页码编号单独从 1 开始。另外，使用分节符还能为文档的章节创建不同的页眉和页脚。

方法步骤：

将光标定位到要插入分节符的位置。在"布局"选项卡的"页面设置"组中单击"分隔符"按钮，在下拉列表的"分节符"栏中单击"下一页"选项。图 2－2－15 所示分节符（2）的①处。

插入点光标后的文档将被放置到下一页。

技巧点拨：

"分节符"栏中"下一页"选项用于插入一个分节符，并在下一页开始新的节，常用于在文档中开始新的章节。"连续"选项将用于插入一个分节符，并在同一页上开始新节，适用于在同一页中实现同一种格式。"偶数页"选项用于插入分节符，并在下一个偶数页上开始新节。"奇数页"选项用于插入分节符，并在下一个奇数页上开始新页。

① 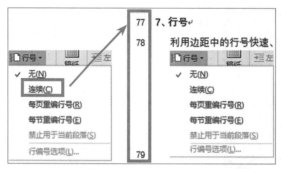 下一页：插入分节符并在下一页上开始新节。

② 连续：插入分节符并在同一页上开始新节。

③ 偶数页：插入分节符并在下一偶数页上开始新节。

④ 奇数页：插入分节符并在下一奇数页上开始新节。

（7）行号。

利用边距中的行号快速、方便地引用文档中的特定行。

1）连续。

单击"连续"即可显示连续的行号，取消行号时选"无"即可，如图 2 - 2 - 17 所示。

图 2 - 2 - 17　行号

2）每页重编行号：单击"每页重编行号"，即在当前页从行号 1 开始，到当前页结束。取消时选"无"即可。

3）每节重编行号：单击"每节重编行号"同"连续"，取消时选"无"即可。

4）禁止用于当前段落：单击"禁止用于当前段落"，就在当前段落前有一个小方块，为一行不标识行号，如图 2 - 2 - 18 所示。取消时选"无"即可。

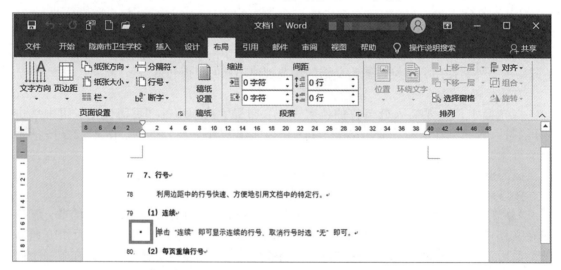

图 2 - 2 - 18　禁止用于当前段落

5）行编号选项，如图 2-2-19 所示。

①首先打开需要编号的文档，找到"版式"选项卡，选中选择"行号"。

②然后就可以根据自己的需要添加行号了。行号的编号方式主要有：按页编号（每页编号重新计算）、按节编号（每节编号重新计算）、全文连续编号（每一行都编号），还可以选择某段不进行编号。

（8）断字：更改连字，如果一个单词空间不足，Word 通常将其移到下一行。当启用断字功能时，Word 会将其断开。正如在书刊中看到的一样，断字有助于创造更统一的空间，并节省文档的空间。

方法步骤：

1）打开 Word 文档，切换至"布局"选项卡，在"页面设置"选项组中单击"断字"按钮，在下拉列表中如果选择"无"选项，则文档不执行"断字"功能。

2）如果选择"自动"选项，则文档对所有可断字文本都执行"断字"功能。如果选择"手动"选项，即会弹出"手动断字"对话框。

图 2-2-19　行号的编号

对话框中将显示可能需要断字的首个单词，并将所有可用的连字符显示在"断字位置"文本框中。如果使用默认的断字位置，则直接单击"是"按钮。如果希望自定义断字位置，则在"断字位置"文本框中单击自定义的位置，并单击"是"按钮。

以此类推，后续出现的所有单词重复此操作设置断字位置。如果断字结果不符合要求，则直接单击"否"按钮继续下一个字母断字。

3）如果选择"断字"下拉列表中的"断字选项"选项，根据需要设置断字选项即可，如图 2-2-21 所示。

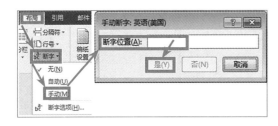

图 2-2-20　手动断字

图 2-2-21　断字选项

2. 稿纸

方法步骤：

（1）打开菜单栏的"布局"选项卡，在布局菜单选项卡中，点击稿纸分区功能区的"稿纸设置"选项按钮。

（2）点击"稿纸设置"选项后，这个时候会打开稿纸设置对话窗口。

（3）在"稿纸设置"对话窗口中，将网格下的格式选为"方格式稿纸"，然后再设置下方的页面以及页眉/页脚，最后在点击"确定"按钮，如图2-2-22所示。

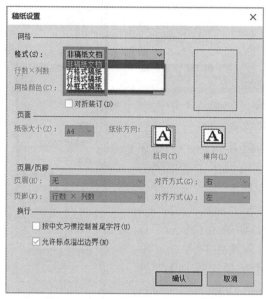

图2-2-22　稿纸设置对话框

（4）回到Word文档编辑窗口，可以看到编辑区域已经改变为稿纸样式了，如图2-2-23所示。

（5）取消稿纸样式时，选"非稿纸文档"即可。

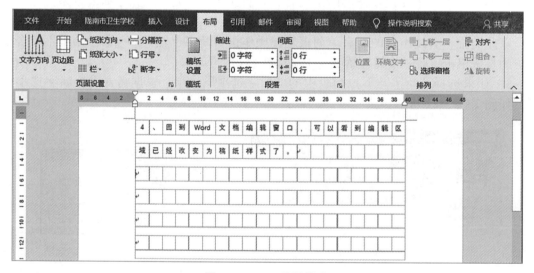

图2-2-23　稿纸样式

3.排列

没有选择图片之前，位置、环绕文字和旋转是灰色不可用状态，如图2-2-24图①所示。选择图片之后，显示为黑色当前活动样式状态，如图2-2-24图②所示。

图 2 - 2 - 24　排列功能区

方法步骤:

1）单击图片或对象,以将其选中。

2）单击绘图工具或图片工具格式选项卡,然后在排列功能区中,设置需要的操作。

3）选择位置和环绕您想要使用的样式。

（1）位置。

选择所选对象在页面上显示的位置。文字将自动环绕对象,使其仍然易于阅读,也可进行"其他布局选项"设置,如图 2 - 2 - 25 所示。

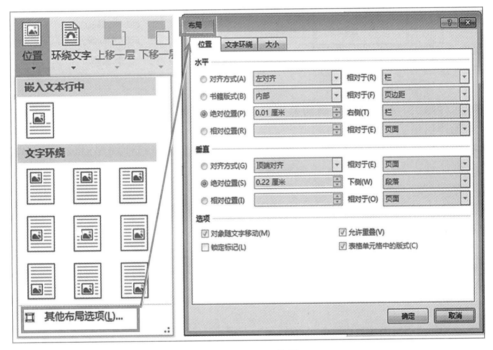

图 2 - 2 - 25　位置

（2）环绕文字。

Word 文档的文字环绕方式有 7 种,分别是:嵌入型、四周型环绕、紧密型环绕、上下型环绕、穿越型环绕、衬于文字下方、浮于文字上方。

方法步骤:

1）首先打开 word 文档,在页面中插入一张图片,可以看到图片的右上角有布局选项的图标,如图 2 - 2 - 26 所示。

2）点击"布局选项"的图标后,即可打开选择环绕方式的选择框了,根据需要选择需要的环绕模式即可。

3）或者可以在插入图片后点击该图片,在工具栏中即可出现"图片工具"的选项,选择其中的"环绕"图标。

4）点击其下方的下拉三角形即可开启选项菜单，选择其中的环绕模式即可，如图 2 - 2 - 27 所示。

图 2 - 2 - 26　布局选项

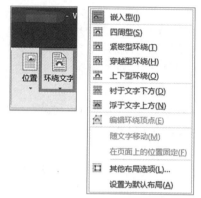

图 2 - 2 - 27　文字环绕

（3）上移一层 / 下移一层。

将所选对象上 / 下移一层，或将其移至所有其他对象前面 / 后面。

（4）选择窗格。

显示所选内容窗格，查看所有对象的列表。能够更加轻松地选择对象、更改其顺序或更改其可见性。

（5）对齐。

更改所选对象在页面上的位置。这非常适合于将对象与页面的边距或边缘对齐，也可以相对于彼此对齐它们。

（6）组合：将多个对象结合起来作为单个对象移动并设置其格式，如图 2 - 2 - 28 左所示。

（7）旋转：旋转或反转所选对象，如图 2 - 2 - 28 右所示。

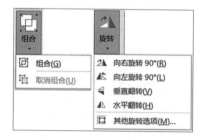

图 2 - 2 - 28　组合 / 旋转

4. 修订（Ctrl+Shift+E）、更正

（1）修订。

跟踪对此文档所做的更改，此功能在文档快要完成，而您正与他人合作进行修订或提供反馈时特别有用。

1）修订 / 锁定修订。

修订：启动 Word 的修订功能，进入修订状态中，这样用户可以对文档进行修订操作，修订的内容会通过修订标记显示出来，并且不会对原文档进行实质性的删减，也能方便原作者查看修订的具体内容。

锁定修订：使用密码防止其他人关闭修订。

方法步骤：

①打开 Word 文档，将插入点光标放置到需要添加修订的位置，切换至"审阅"选

项卡，如图 2-2-29 所示①处。在"修订"功能区中单击将"简单标记"改为"所有标记"，然后单击"修订"按钮上的下三角按钮，如图 2-2-29 所示②处。在下拉列表中选择"修订"选项，如图 2-2-29 所示③处。

②对文档进行编辑，文档中被修改的内容以修订的方式显示，如图 2-2-29 所示④处。

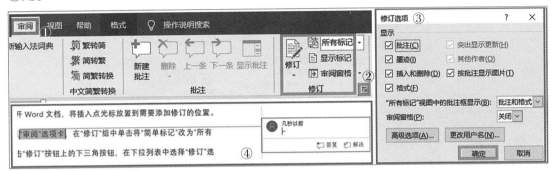

图 2-2-29　修订

③在"修订"组中单击"修订选项"按钮，在打开的"修订选项"窗格中单击"高级选项"按钮，如图 2-2-30 所示①处。

④打开"高级修订选项"对话框，在"插入内容"下拉列表中选择"双下划线"选项，将文档中的修订内容标记设置为双下划线；在"删除内容"下拉列表中选择"双删除线"选项，使修订时的删除内容标记设置为双删除线；在"修订行"下拉列表中选择"右侧框线"选项，使修订行标记显示在行的右侧，完成设置后单击"确定"按钮，如图 2-2-30 所示②处。

⑤在文档中可以看到修订标记发生了改变。

⑥在"修订"组中单击"显示标记"按钮，在"批注框"选项列表中勾选相应的选项，可以使批注内容在批注框中显示，如图 2-2-30 所示③处。

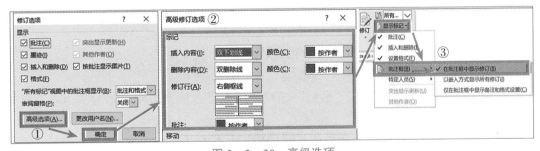

图 2-2-30　高级选项

2）显示以供审阅：文档修订的方式右有简单标记、所有标记、无标记、原始版本。

3）显示标记：选择要在文档中显示的标记的类型。例如，可以隐藏批注或格式更改。

4）审阅窗格：包括垂直和水平审阅窗格。在列表中显示您的文档的所有修订。单击箭头以选择它们显示在您的文档下方还是旁边。

（2）更改。

1）接受：单击可访问其他选项，如一次接受所有修订。

在"审阅"选项卡的"更改"组中单击"接受"按钮上的下三角按钮，在下拉列表中选择"接受并移到下一处"选项，则将接受本处的修订，并定位到下一条修订，如图 2-2-31 所示。

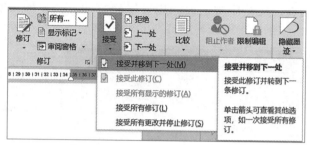

图 2-2-31 接受并移到下一处

2）拒绝：撤销此修订并转到下一条修订。单击箭头可查看其他选项，如一次拒绝所有修订。

当文档中存在多个修订时，在"更改"组中单击"上一条"或"下一条"按钮能够将插入点光标定位到上一处或下一处修订处。在"更改"组中单击"拒绝"按钮上的下三角按钮，在下拉列表中选择"拒绝并移到下一处"选项，将拒绝当前的修订并定位到下一处修订。如果用户不想接受其他审阅者的全部修订，则可以选择"拒绝对文档的所有修订"选项，如图 2-2-32 所示。

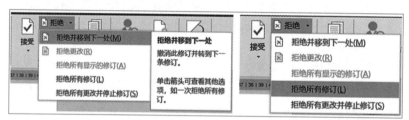

图 2-2-32 拒绝并移到下一处

3）上一处/下一处： 跳转到上/下一处修订。

5. 页面移动

在视图中增加了"垂直"和"翻页"选项，可以自由切换页面视图为横向或者纵向显示。

垂直：向上和向下滚动鼠标在页面之间移动，或 Page Up/Page down 上下翻动。

翻页：从右到左或从左到右滑动每一页以查看所有页面，也就是说鼠标向下滚动，就会向后（右）翻页，鼠标向上滚动，就会向前（左）翻页。

五、引用

包括目录、脚注、引文与书目、题注、索引和引文目录几个组，主要用于实现在 Word 2016 文档中插入目录等比较高级的功能。

（1）目录。

通过添加目录来提供文档概述。这将会自动包括使用标题样式的文字。要包括更多条目，请选择文字并单击"添加文字"。当您单击"更新目录"时，目录将会刷新。

1）手动 / 自动目录。

方法步骤：

①打开 Word 文档，选择好要做成目录的文档，点击菜单栏的"开始"选项卡中"样式组"中的"标题 1"。按照此方法设置"标题 2"和"标题 3"，如图 2 - 2 - 33 所示。

图 2 - 2 - 33　设置标题

②设置操作完成之后，选择"引用"选项卡中的"目录按钮"，在弹出的"下拉菜单"中选择"自动目录 1"或者"自动目录 2"都可以，如图 2 - 2 - 34 所示。

③插入效果，如图 2 - 2 - 35 所示。

图 2 - 2 - 34　自动目录

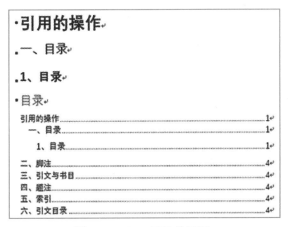

图 2 - 2 - 35　目录效果图

2）添加文字：在目录中包括当前标题，如图 2-2-36 所示。

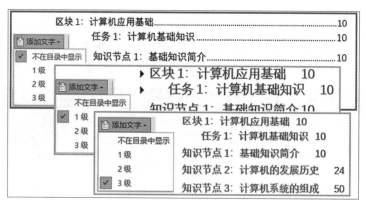

图 2-2-36　添加文字

3）更新目录：刷新目录，以便所有条目都指向正确的页码。

选择菜单栏的"引用"选项卡中的"更新目录"按钮。点完之后会弹出"更新目录"对话框，选中要更新的内容之后点"确定"，如图 2-2-37 所示。

（2）脚注。

1）插入脚注。

在 Word 文档中插入脚注一般在首页插入，后面页不需要或者仅仅插入页码。

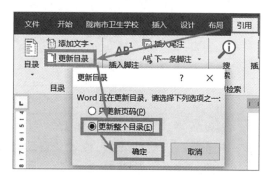

图 2-2-37　更新目录

方法步骤：

①点击"插入"，选择页脚，页脚出现后所有的页脚页眉都是一样的，此时选择设计，在设计菜单中勾选首页不同，如图 2-2-38 所示。

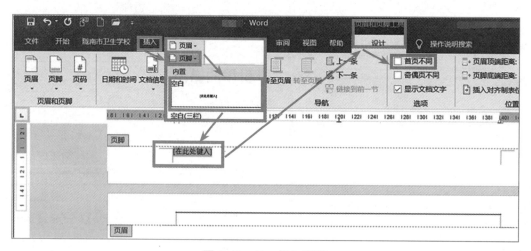

图 2-2-38　插入页脚

②在首页的页脚处填写内容，完成后有时后面的页脚页眉因默认内容也会存在内容，

因此需要删除后面的内容。其中页眉的线最难删除。此时点中页眉，会弹出一个快捷选项的工具栏，有字体、对齐等。选择最后面的样式。然后选择倒数第二个清除样式即可删除页眉的画线，如图 2 - 2 - 39 所示。页脚也可采用同样方法清除。

图 2 - 2 - 39　清除格式

2）删除脚注：光标定位于插入的脚注的地方，按下删除键 Delete 即可。

（3）引文与书目。

通过引用书籍、期刊论文或其他杂志来创建信息来源，可以从保存的来源列表中选择，或者添加新的来源。Word 将根据选择的样式设置引用格式。

1）管理源。

管理源是组织文档中引用的来源。可以编辑和删除来源，搜索新来源以及预览引文在文档中的显示方式。

方法步骤：

①点击引用选项卡，引文与书目分类中点击管理源。

②在弹出的源管理器中，点击新建（N）…

③在弹出的创建源对话框中，选择输入相关内容后点击确定即可，如图 2 - 2 - 40 所示。

2）添加新源 / 添加新占位符。

①点击引用选项卡，引文与书目分类中点击插入引文。

②选择"添加新源（S）…" / 添加新占位符，打开"创建源" / 占位符名称。

③在弹出的创建源对话框中，选择输入相关内容后点击确定即可，如图 2 - 2 - 41 所示。

3）插入引文。

方法步骤：

①鼠标移动到需要插入引文的位置。

②点击引文选项卡，引文与书目分类中，点击插入引文（点击其下拉三角，Word 新手是没有引文的，需要先设置引文）。

③选择合适的引文插入即可。步骤如图 2 - 2 - 42 所示。

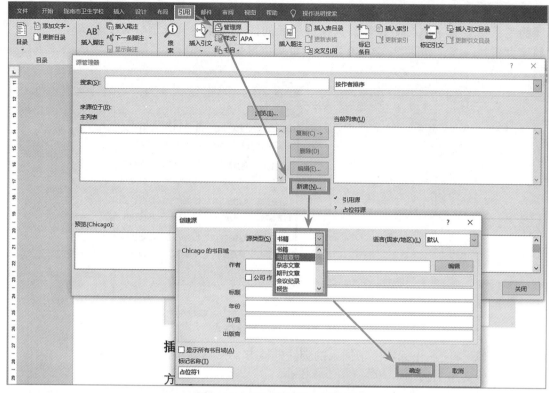

图 2-2-40 管理源、创建源

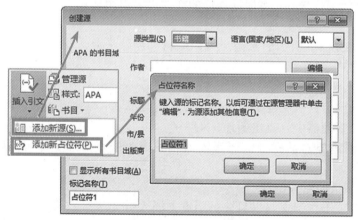

图 2-2-41 创建源

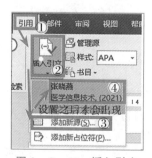

图 2-2-42 插入引文

4）插入样式：书目样式，选择文档的引用样式，例如 APA 样式。Chicago 样式和 MLA 样式。

5）插入书目：在书目或作品引用的章节中列出所有来源。

方法步骤：

①鼠标移动到文末（需要插入书目的地方）。

②点击引文选项卡，引文与书目分类中，点击书目。

③选择合适的插入即可，如图2-2-43所示。

（4）题注。

在利用 Word 编辑长文档时，谁也不可能保证自己撰写会一次性成功，不做任何修改，为避免遇到增加或删减图片或表格的时候，或者对插入图片的顺序进行变更的时候产生这些问题。需要在文档中为指明某一图片其他地方引用图注的名称（如在文档中："如图×-×-××所示"等字样）。

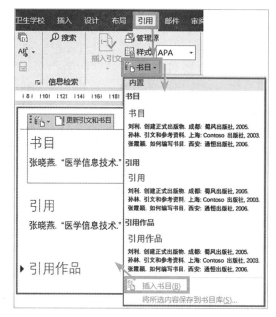

图2-2-43 插入书目

方法步骤：

①选择图片或光标定位到图片下面一行→选择"引用"选项卡→点击"插入题注"弹出题注选项窗口。

②在题注窗口中，"新建标签"→输入"图2-2-"→确定后，文档正文，图片下面出现"图×-×-××"，如图2-2-44所示。题注没有居中，则设置成居中即可。

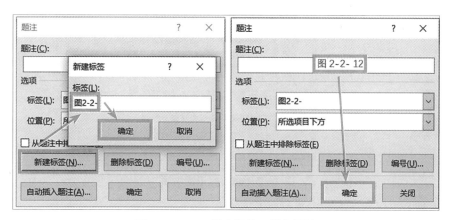

图2-2-44 新建标签、插入题注

③接下来，要引用图片的序号，将用到"交叉引用"功能。

将光标放到正文中要引用图的位置，点击"引用"选项卡→点击"题注"功能区中的交叉引用→弹出交叉引用窗口→插入为超链接→引用题注选择刚才新建便签的

"图 2 - 2 - 13"，引用类型选择"仅标签和编号"，选择的题注"图 2 - 2 - 13"选项对话框图"，插入后，正文中出现超链接的题注，如图 2 - 2 - 45 所示。

（5）索引。

索引是根据一定需要，把书刊中的主要概念或各种题名摘录下来，标明出处、页码，按一定次序分条排列，以供人查阅的资料。它是图书中重要内容的地址标记和查阅指南，设计科学且编辑合理的索引不但可以使阅读者备感方便，而且也是图书质量的重要标志之一。Word 提供了图书编辑排版的索引功能。

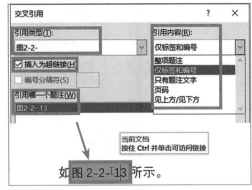

图 2 - 2 - 45　交叉引用

1）标记索引项。

将所选文本添加到索引。

打开 Word 文档，在"引用"选项卡的"索引"组中单击"标记索引项"按钮，打开"标记索引项"对话框。在文档中选择作为索引项的文本，单击"主索引项"文本框，将选择的文字添加到文本框中，单击"标记"按钮标记索引项，如图 2 - 2 - 46 所示。在不关闭对话框的情况下标记其他索引项。

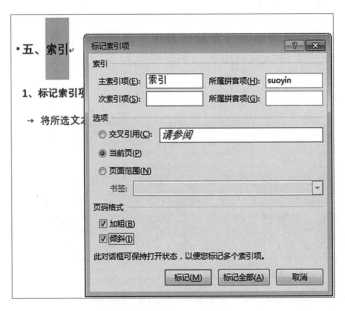

图 2 - 2 - 46　标记索引项

技巧点拨：

在此索引项后面加上"："可以创建下级索引项。单击选中"交叉引用"单选按钮，在其后的文本框中输入文字可以创建交叉索引。选择"当前页"单选按钮，可以列出索引项的当前页码。单击选中"页面范围"单选按钮，Word 会显示一段页码范围。当一个索引项有多页时，则可选定这些文本后，将索引项定义为书签，然后在"书签"文本框中选定该书签，Word将能自动计算该书签所对应的页码范围。

2）插入索引。

添加索引，列出关键字和这些关键字出现的页码。

方法步骤：

①将插入点光标放置到需要创建索引的位置，在"索引"组中单击"插入索引"按钮，打开"索引"对话框，在对话框中对创建的索引进行设置，如这里将索引的"栏数"设置为1，完成设置后单击"确定"按钮，如图2-2-47所示。效果如图2-2-48所示。

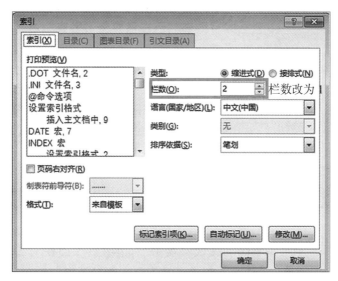

图2-2-47　索引

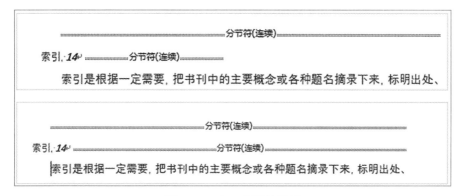

图2-2-48　索引效果图

②如果需要对索引的样式进行修改，可以再次打开"索引"对话框，单击其中的"修改"按钮打开"样式"对话框，在"索引"列表中选择需要修改样式的索引，单击"修改"按钮。

③打开"修改样式"对话框，在对话框中对索引样式进行设置，如这里修改索引文字的字体和大小，完成设置后依次单击"确定"按钮关闭各个对话框，如图2-2-49所示。

图 2 - 2 - 49　设置索引样式

④索引文字的字体和文字大小即会发生改变，如图 2 - 2 - 50 所示。

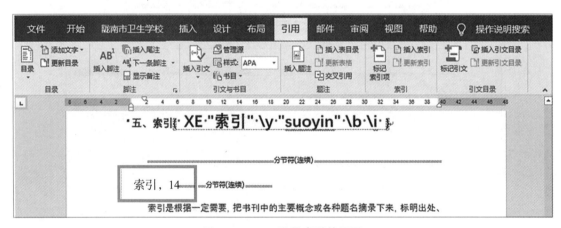

图 2 - 2 - 50　设置索引效果图

3）更新索引：使所有条目都指向正确页码，如图 2 - 2 - 51 所示。

（6）引文目录（Alt+Shift+I）。

1）标记引文（Alt+Shift+I）：将所选文本添加到引文目录。

2）引文目录 插入引文目录 。

主要用于在法律类文档中创建参考内容列表，例如事例、法规和规章等。引文目录和索引非常相似，但它可以对标记内容进行分类，而索引只能利用拼音或笔画进行排列。

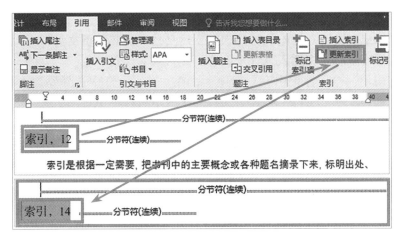

图 2 - 2 - 51　更新索引

方法步骤：

①选择要标记的引文。

②执行"引用"→"引文目录"选项卡，单击"标记引文"按钮，打开"标记引文"对话框。或者按 Alt+Shift+I，可以直接打开"标记引文"对话框。被选文字将出现在"所选文字"框中，如图 2 - 2 - 52 所示。

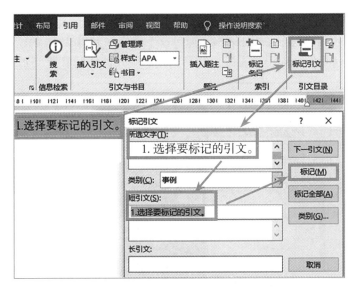

图 2 - 2 - 52　标记引文

提示：在"短引文"框中可以自定义目录项的缩略形式，而"长引文"框则自动显示所选文字，且最终将出现在建立的引文目录中。在"标记引文"对话框中无法缩减长引文，但可以在域代码中进行更改。

③在"类别"的下拉列表框中选择合适的类型。

提示：如果要修改一个存在的类别，可选择此类别，单击"类别"按钮，在"编辑类别"对话框中进行替换。

④单击"标记"按钮对当前所选文字进行标记，单击"标记全部"按钮，将对存在

于文档中每一段首次出现的与所选文字匹配的文字进行标记。

⑤保持"标记引文"对话框的打开状态，对文档中的其他引文进行标记。

⑥全部标记完毕后，将插入点置于放置引文目录的位置。

⑦执行"引用"→"标记引文"选项卡，在"类别"框中选择要加入引文目录中的标记项类别，选择"标记全部"将在引文目录中显示所有标记过的引文。

六、邮件合并

包括创建、开始邮件合并、编写和插入域、预览结果和完成几个组，该选项卡的作用比较专一，专门用于在 Word 2016 文档中进行邮件合并方面的操作。

1. 创建

微软 Office 是十分强大的软件，在 Word 2016 里面有一个邮件模块专门用来处理邮件信件。通过 Word 2016 创建一个信封。

（1）中文信封。

方法步骤：

①在选项卡选择"邮件"→"中文信封"，点击按钮以后会出现信封制作向导，点击下一步。

②选择信封样式，信封样式的选择菜单后面会跟着信封规格和尺寸，尺寸是以毫米为单位的。比如默认的 B6 信封尺寸就是 176×125mm 大小。设置完样式，点击下一步设置信封数量。这里的区别主要是批量制作信封，这个功能非常赞，因为大部分信息系统都会收集一些用户信息，数据库可以导成 Excel 表格，通过这个表格作为和 Word 的衔接，就可以直接使用 Word 自动生成信封的功能，免去了自己粘贴复制填写地址的麻烦，如图 2 - 2 - 53 所示。

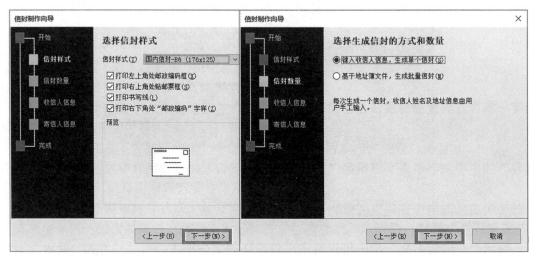

图 2 - 2 - 53　信封样式、方式和数量

③最后直接点击下一步，按照提示填写完表单，就会自动生成一个符合规格、填写好地址的信封了。

（2）信封和标签。

1）信封：创建和打印信封。点击"信封"功能进入"信封和标签"，在"信封"选项下，单击右下角"选项"打开"信封选项"进行设置，如图 2 - 2 - 54 所示。

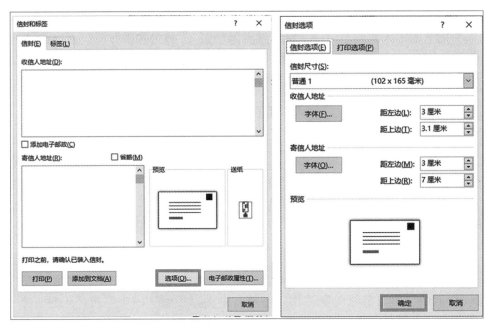

图 2 - 2 - 54 信封选项

2）标签：发送邮件需要一个标签。点击"标签"功能进入"信封和标签"，在"标签"选项下，单击右下角"选项"打开"标签选项"进行设置。

2. 邮件合并

（1）在 Word 文档中输入以下文字，在 Excel 中输入姓名、班级和奖项，如图 2 - 2 - 55 所示。邮件合并过程和步骤如图 2 - 2 - 55 所示。

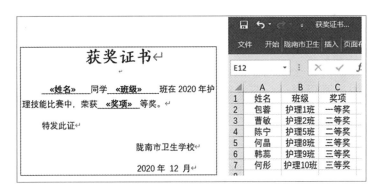

图 2 - 2 - 55 邮件合并步骤图

（2）选择"邮件"选项卡，在功能区选择"开始邮件合并"下的"普通 Word 文档"。

（3）选择"邮件"选项卡下，功能区的"使用现有列表…"。

（4）选取数据源，就是你所保存的 Excel 获奖证书，选取打开，如图 2 - 2 - 56 所示。

（5）选择表格里的"Sheet$"默认，点击"确定"。

（6）在"邮件"选项卡下，选择"插入合并域下"的姓名、班级和奖项。

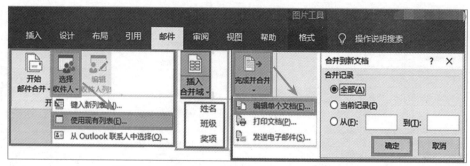

图 2 - 2 - 56　**Word** 获奖证书格式、**Excel** 名单

（7）插入姓名、班级和奖项后的效果图。

（8）在"邮件"选项卡下，选择"完成并合并"下的"编辑单个文档"，弹出"合并到新文档"，选择"全部"即可。

Excel 2016 电子表格

任务 1　Excel 2016 简介

Excel 2016 是 Office 2016 的组件之一，是一套功能强大的电子表格处理软件，它广泛应用于我们工作和生活的各个领域。

Excel 的应用领域：人事管理、行政管理、财务管理、市场与营销管理、生产管理、仓库管理、投资分析等。

Excel 的主要功能：表格的制作和打印，数据记录与整理、数据加工与计算、数据统计与分析、图形报表的制作等。

一、工作界面概述

Excel 2016 的工作界面主要由标题栏、快速访问工具栏、控制按钮栏、功能区、名称框、编辑栏、工作区、状态栏组成。每一个区还会涉及一些如选项卡、命令之类的名词，如图 2 - 3 - 1 所示。

二、标题栏

位于窗口的最上方，由快速访问工具栏、工作簿名称和窗口控制按钮组成。

（一）快速访问工具栏

快速访问工具栏是一个可自定义的工具栏，为方便用户快速执行常用命令，将功能区上选项卡中的一个或几个命令在此区域独立显示，以减少在功能区查找命令的时间，提高工作效率。

如需自定义快速访问工具栏，可点击其右侧的箭头，选中常用的命令添加至快速访问工具栏中。如所显示的命令中无需要定义的命令，单击"其他命令"，进入自定义快速访问工具栏窗口，可选中任一选项卡中的任一命令在快速访问工具栏中显示。

（二）工作簿

工作簿是一个 Excel 类型文件，内含多个工作表。工作簿名称是这个文件的名称，而工作表名称是该工作簿内含的具体表格的名称。在工作簿中最多可以创建 255 个工作表。

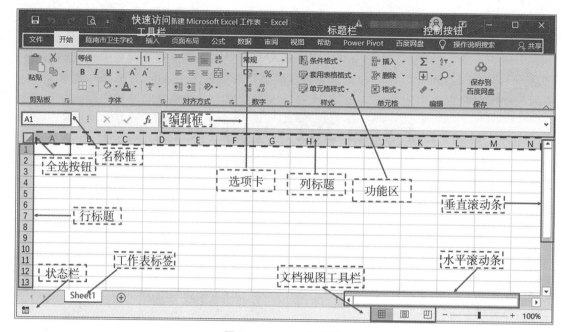

图 2-3-1　工作界面

（三）窗口控制按钮

最大化（还原）、最小化、关闭按钮：在窗口右上角，最大化按钮是三个按钮的中间一个，可把窗口扩大成跟桌面一样大，扩大后此图标变成还原按钮，还原按钮可把窗口还原成扩大以前的大小。最小化按钮是三个按钮的左边一个，它可把窗口缩小并放在任务栏上，要把最小化后的窗口还原，只要用鼠标左击任务栏上相对应的窗口。关闭按钮是最右边一个，用来关闭窗口。

三、名称框

显示当前活动对象的名称信息，包括单元格列表和行号、图表名称、表格名称等。名称框也可用于定位到目标单元格或其他类型对象。在名称框中输入单元格的列表和行号，即可定位到相应的单元格。例如：当鼠标单击 C3 单元格时，名称框中显示的是"C3"；当名称框中输入"C3"时，将光标定位到 C3 单元格。

四、编辑栏

用于显示当前单元格内容，或编辑所选单元格。

五、行 / 列标识

行标识用于对工作表的行进行命名，以 1、2、3、4……的形式进行编号；列标识用于对工作表的列进行命名，以 A、B、C、D……的形式进行编号。

（一）认识行和列

在 Excel 中，由横线所组成的区域被称为"行"，由竖线所组成的区域被称为列，行和列交叉而成的格子被称为单元格。

（二）行和列的范围

在 Excel 中，共有 1 048 576 行和 16 384 列，如果想快速最后一行和最后一列，在工作表中，选中任意单元格，按下键盘上的 Ctrl+ 方向键，四个方向键代表是四个方向，与 Ctrl 组合，可以到达最底行和最右列，以及最左行和最左列，如图 2-3-2 所示。

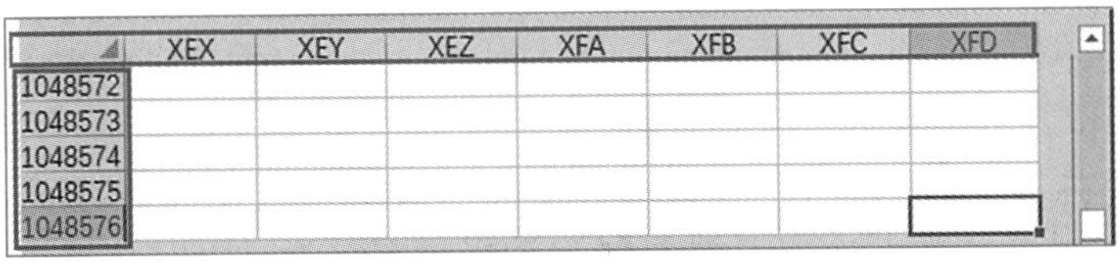

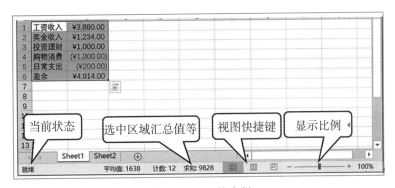

图 2-3-2　行/列标识

（三）设置行高和列宽

设置行高和列宽前，先选定是单行还是多行，然后在"开始"选项卡上，单击"格式"→"行高"或者"列宽"，在弹出的"行高"和"列宽"对话框中输入具体的数字。另一种方法，选定单行和多行或者单列和多列，单击鼠标右键，弹出的快捷菜单，选择"行高"或者"列宽"。

六、状态栏

状态栏用于显示当前的工作状态，包括公式计算进度、选中区域的汇总值、平均值、当前视图模式、显示比例等，如图 2-3-3 所示。

图 2-3-3　状态栏

如需更改状态栏显示内容，可将光标放在状态栏，单击鼠标右键，可自定义状态栏。

七、工作表

工作表是显示在工作簿窗口中的表格，一个工作表可以由 1 048 576 行和 256 列构成，行的编号从 1 到 1 048 576，列的编号依次用字母 A、B ……IV 表示，行号显示在工作簿窗口的左边，列号显示在工作簿窗口的上边。

Excel 2016 工作簿默认一个工作表，用户可以根据需要添加工作表，但每一个工作簿中的工作表个数受可用内存的限制，当前的主流配置已经能轻松建立超过 255 个工作表。

（一）工作表标签

工作表标签用于显示工作表的名称，坐标可以进行添加和删除，并且可以对工作表进行重命名，当工作簿中的工作表较多时，可以通过单击工作表标签左侧的滚动按钮进行选择。

用于编辑工资表中各单元格内容，一个工作簿可以包含多个工作表。

（二）工作表区域

双击工作表标签或点击鼠标右键，可对工作表进行重命名。按 Ctrl+ 鼠标左键，拖动鼠标，可复制选中工作簿。鼠标左键点击工作表，拖动鼠标，可更改工作表位置，如图 2-3-4 所示①②③步骤。

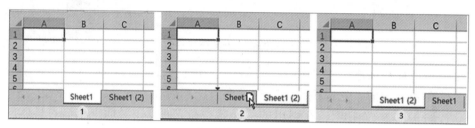

图 2-3-4　复制/更改工作表位置

八、滚动条

滚动条分为垂直滚动条和水平滚动条两种类型，当内容太多导致窗口无法全部显示的时候，可以通过拖动滚动条或单击箭头按钮来调整显示窗口中的内容。

九、后台视图

在 Excel 2016 中单击功能区左上角"文件"按钮可进入后台视图界面，如图 2-3-5 所示。后台视图采用三栏式设计，分别是操作栏、信息栏和属性栏，其中操作栏可以完成新建、打开、保存、另存、打印、共享和关闭等工作；信息栏可完成保护工作、检查工作簿、管理版本等工作；属性栏可对工作簿的属性、日期、人员信息等进行修改设置。

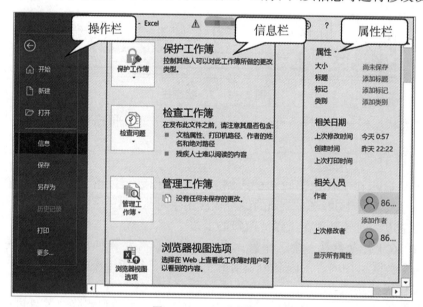

图 2-3-5　后台视图

任务 2　Excel 2016 功能操作与应用

　　功能区能帮助用户快速找到完成某一任务所需的命令，这些命令组成一个组，集中放在各个选项卡内。每个选项卡只与一种类型的操作相关，Excel 中所有的功能操作分门别类为 8 大选项，包括文件、开始、插入、页面布局、公式、数据、审阅和视图。各选项卡中收录相关的功能群组，方便使用者切换、选用。

　　例如开始选项卡就是基本的操作功能，如字体字号、对齐方式等设定，只要切换到该功能选项即可看到其中包含的内容。

　　当我们要进行某一项工作时，就先点选功能区上方的功能页次，再从中选择所需的工具按钮。目前显示"开始"页次的工具按钮，依功能还会再分隔成数个区块，例如此处图 2-3-6 为字体区。

　　另外，为了避免整个画面太凌乱，有些页次标签会在需要使用时才显示。例如当您在工作表中插入一个图表物件，此时与图表有关的工具才会显示出来。美化及调整图表属性的相关工具都放在图表工具下，如图 2-3-7 所示。

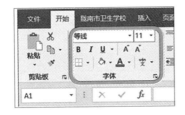

图 2-3-6　字体功能区

图 2-3-7　图表工具

一、开始

　　启动 Excel 2016 后，在功能区默认打开的就是"开始"选项卡。"开始"选项卡中集合了"剪贴板"组、"字体"组、"对齐方式"组、"数字"组、"样式"组、"单元格"组和"编辑"组。在选项卡中有些组的右下角有一个按钮，比如"字体"组，该按钮表示这个组还包含其他操作窗口或对话框，可以进行更多的设置和选择。

1. 对齐方式

　　对齐方式主要用在美化表格中，包括顶端、垂直、底部对齐；左、中、右对齐；方向；增加/减少缩进量；自动换行；合并后居中。

　　（1）方向。

　　上面标记着 a、b 的一个选项，旁边有一个小的箭头，它是沿对角或垂直方向旋转文字，这是标记窄列的方式。

　　例如，选择"人数"后，点击"方向"，会弹出一个下拉菜单，选择第一个，也就是选择"逆时针角度"的旋转，如图 2-3-8 所示。

　　文字方向发生改变，文字效果如图 2-3-9 所示。可以根据自己的需要对文字的角度方向自行进行调整。

图 2-3-8　方向

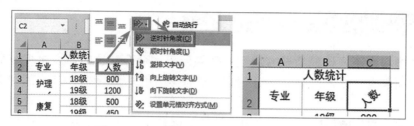

图 2-3-9　逆时针角度、逆时针角度效果

（2）合并后居中。

将选择的多个单元格合并成一个较大的单元格，并将新单元格内容居中，如图 2-3-10 所示。

（3）基础对齐方式。

所谓的基础对齐，就是"开始"选项卡下的对齐方式。关于左右居中对齐方式就不做解释了，听名字就能理解，这里主要讲解以下几个对齐方式。

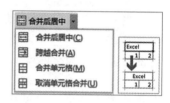

图 2-3-10　合并后居中

1）填充对齐。

设置填充对齐，单元格会根据内容自动填充以便保持对齐，不过这种对齐方式运用比较少，如图 2-3-11 所示。

图 2-3-11　填充对齐

2）两端对齐。

两端对齐，主要是针对文本对齐，这种对齐方式与左对齐基本上相似，不易区分。值得注意的是，设置两端对齐之后，长文本会自动换行。

3）跨列对齐。

跨列对齐一般是应用于图表的标题，可以不用合并单元格就能使文本居中。

4）分散对齐。

分散对齐可以用到很多地方，比如名字之间的对齐等。

这里主要讲的是水平文本对齐方式，另外还有垂直文本对齐方式，用法类似。

2. 数字

设置数字或日期的显示格式、小数点位数以及货币符号等。Excel 预设了大量数据格式供用户选择使用，但对于一些特殊场合的要求，则需要用户对数据格式进行自定义。在 Excel 中，可以通过使用内置代码组成的规则实现显示任意格式数字。下面讲解 Excel 2016 中自定义数字格式的方法。

方法步骤：

①在工作表中单击工作表的列号选择需要设置数据格式的列，在"开始"选项卡的"数字"组中单击"数字格式"按钮 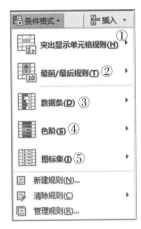 。

②打开"设置单元格格式"对话框，在"分类"列表中选择"自定义"选项，在右侧的"类型"文本框中的格式代码后面添加单位"元"字，在前面添加人民币符号"￥"和颜色代码"[红色]"，设置完成后单击"确定"按钮。

3. 样式

这里的命令主要是对单元格或单元格区域进行样式的快速设置。另外，也可以根据不同单元格内容自动套用不同的格式（条件格式）。

（1）条件格式，如图 2-3-12 所示。

使用 Excel 表格的时候，我们经常会看到各式各样的图形颜色，根据数据不同会显示不同层次的内容。比如说符合不同条件的时候，表格可以实现自动显示特殊内容，这就是 Excel 表格中的条件格式设置操作。

1）模式。

它包括 5 种模式：突出显示单元格规则、最前/最后规则、数据条、色阶、图标集。每一种模式又有若干效果可以使用，如图 2-3-13 的①～⑤所示。

图 2-3-12　条件格式

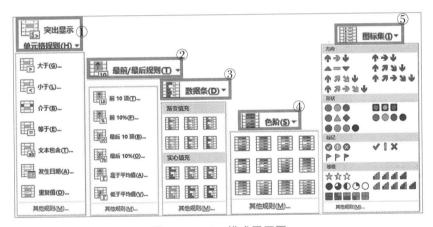

图 2-3-13　模式展开图

①突出显示单元格规则：用于当选定单元格（区域）的值满足某种条件时，可设置该选定区域的填充色、文本色及边框色为特殊格式以突出显示。利用"突出显示单元格规则"可以对在一定范围的数字所在单元格、包含某文本的单元格、有重复值的单元格进行格式等条件进行设置。

②最前/最后规则：要标记出数据区域中在最前或最后某范围内的单元格，例如，标记出"工龄"中的最大值，可以选定工龄所在的区域，选择"最前/最后规则"下的"前 10 项"。

③数据条：用于帮助用户查看选定区域中数据的相对大小，数据条的长度代表数据

的大小。

④色阶：色阶和数据条的功能类似，该功能是利用颜色刻度以多种颜色的深浅程度标记符合条件的单元格，颜色的深浅表示数据值的高低，这样就可对单元格中的数据进行直观的对比。

⑤图标集：可以为数据添加注释，系统能根据单元格的数值分布情况自动应用一些图标，每个图标代表一个值的范围。

2）规则：除用上述这些已有工具设置格式外，Excel 2016 的条件格式还可自定义某种规则进行设置。

方法步骤：

①选中数组，点击条件格式，点击突出显示单元格规则，然后点击"介于"。

②设置参数值。如介于 200 到 500 的单元格为浅红填充色深红色文本。

③就把数组中介于 200 到 500 的值，都增加了单元格效果，步骤如图 2 - 3 - 14 的①②③所示。

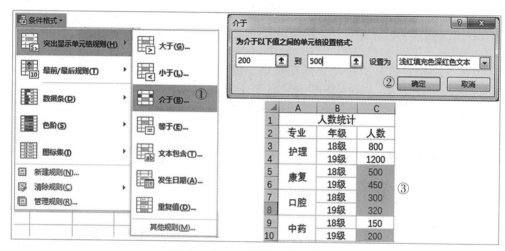

图 2 - 3 - 14　条件格式介于的应用

3）新建规则。

用户除了可以使用 Excel 2016 系统提供的条件格式来分析数据，还可使用公式自定义设置条件格式规则，即通过公式自行编辑条件格式规则，能让条件格式的运用更为灵活。具体操作如下。

方法步骤：

①打开 Excel 文档，选择单元格区域，在"开始"选项卡单击"样式"组中的"条件格式"按钮，在展开的下拉列表中单击"新建规则"选项，步骤如图 2 - 3 - 15 的①所示。

②弹出"新建格式规则"对话框，在"选择规则类型"列表框中单击"仅对高于或低于平均值的数值设置格式"选项，选择"低于"选定范围的平均值，然后单击"格式"按钮，步骤如图 2 - 3 - 15 的②③所示。

③打开"设置单元格格式"对话框，对符合条件格式数值的单元格格式进行设置，设置完成后单击"确定"按钮，步骤如图 2 - 3 - 15 的④所示。

图 2 - 3 - 15　新建规则

④返回"新建格式规则"对话框单击"确定"按钮，此时可以看到符合条件的数值已突出显示，如图 2 - 3 - 16 的①②所示。

图 2 - 3 - 16　数值已突出显示

4）清除规则。

方法步骤：

方法 1：选中已设置过的条件格式单元格→点击条件格式功能里面的"清除规则"→"清除所选单元格的规则"，就可以把单元格的样式设置回原来的效果。

方法 2：选中有条件格式的单元格→点击"条件格式"→点击"清除规则"→点击"清除整个工作表的规则"，就把单元格的样式设置回原来的效果了。

5）管理规则。

Excel 的表格应用条件格式后，也可以选择手动管理这些条件格式，既可以删除某些不合适的条件格式，也可以手动编辑某些条件格式的相关属性。

方法步骤：

①选择管理规则。

选择所需的单元格区域，单击"开始"选项卡下"样式"组中的"条件格式"按钮，在展开的下拉列表中单击"管理规则"选项。

②删除指定条件规则。

弹出"条件格式规则管理器"对话框，选择要删除的条件规则，单击"删除规则"按钮。

③编辑指定条件规则。

此时可看到上一步操作中所选的条件规则已被删除，接着选择要编辑的条件规则，单击"编辑规则"按钮，如图 2 - 3 - 17 所示。

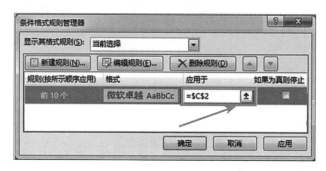

图 2 - 3 - 17　编辑指定条件规则

④更改图标样式、类型和值。

弹出"编辑格式规则"对话框，更改"图标样式"为"3 个星形"，设置"类型"为"数字"并输入相应的数值，输入完毕后单击"确定"按钮，如图 2 - 3 - 18 所示。

图 2 - 3 - 18　更改图标样式、类型和值

⑤查看管理条件规则后的表格。

再次单击"确定"按钮返回工作簿窗口，此时可看到表格应用了调整后的条件规则，效果如图 2 - 3 - 19 所示。

（2）套用表格格式。

Excel 2016 自带大量常见的表格格式，如会计统计格式和三维效果格式等。利用"套用表格格式"可以直接套用现成的样式，并且自动对数据进行筛选。

人数统计		
专业	年级	人数
护理	18级	⬆800
	19级	⬆1200
康复	18级	⬆500
	19级	➡450
口腔	18级	➡300
	19级	➡320
中药	18级	⬇150
	19级	⬇200

图 2 - 3 - 19　效果图

方法步骤：

①选中要套用表格格式的单元格区域，在"开始"选项卡中的"样式"功能区中，单击"套用表格格式"，展开下拉菜单，单击想要的样式，如图 2 - 3 - 20 所示。

②打开"套用表格格式"对话框，在"表数据的来源"中已经显示要套用的单元格区域，这里可以直接单击"确定"按钮。

③该表格格式方案应用到选中的单元格区域，如图 2 - 3 - 21 所示效果图。

图 2 - 3 - 20　套用表格格式

人数统计	列1	列2
专业	年级	人数
护理	18级	800
	19级	1200
康复	18级	500
	19级	450
口腔	18级	300
	19级	320
中药	18级	150
	19级	200

图 2 - 3 - 21　效果图

技巧点拨：

在 Excel 2016 中，"表格格式"已经将表格套用效果与筛选功能整合。在默认状态下，套用表格样式后将无法进行数据"分类汇总"操作，需要将套用表格格式的表格转换为正常区域后才能进行"分类汇总"。具体转换操作如下：

①选中被套用表格格式的表格，在"表工具 - 设计"主菜单下的"工具"选项组中，单击"转换为区域"按钮，如图 2 - 3 - 22 所示。

②弹出提示框，"是否将表转换为普通区域？"，单击"是"按钮。查看转换为正常区域的表格，如图 2 - 3 - 23 所示。

（3）单元格格式。

我们在 Excel 2016 中处理表格的时候，会遇到一些特殊的数据，需要特殊的单元格格式，但是每个单元格都要单独编辑很麻烦，其实这里可以用单元格样式来快速进行操作，下面阐释一下如何设置。

图 2 - 3 - 22　转换区域

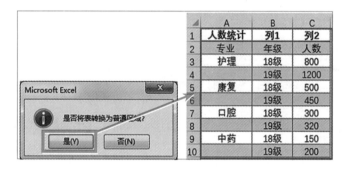

图 2 - 3 - 23　效果图

方法步骤：

进入 Excel 2016 主页面，点击"开始"选项卡，在"样式"功能区有"条件格式"、"套用表格格式"以及"单元格样式"，点击"单元格样式"旁边的小箭头，弹出菜单，在里面选择"新建单元格样式"，如图 2 - 3 - 24 所示。

然后在新建的单元格"样式"里面可以设置相关的参数，主要的还是进入格式设置中，调整单元格的文本样式、大小颜色字体等。设置好后，需要的样式就会在样式栏里置顶出现，右键可以进行修改添加删除等，如图 2 - 3 - 25 所示。

4.单元格

针对单元格进行插入、删除、移动等操作，同时也可以设置单元格的行高、列宽、隐藏或取消隐藏等，根据需要进行设置。

如何对工作表指定内容进行设置保护，使得它的各种操作受到限制，以此来保护工作表不被改动？操作如图 2 - 3 - 26 所示。

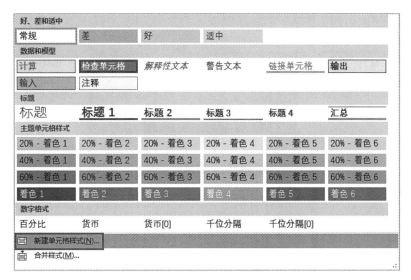

图 2 - 3 - 24　新建单元格样式

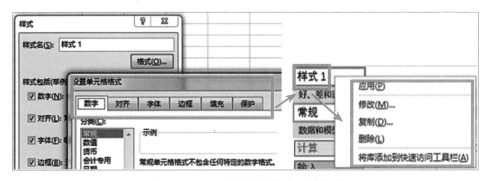

图 2 - 3 - 25　设置单元格格式及样式

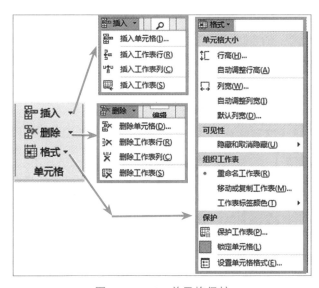

图 2 - 3 - 26　单元格保护

（1）Excel 保护当前工作表。

方法步骤：

①打开 Excel 中需要保护的工作表。在"开始"选项卡的"单元格"组中单击"格式"按钮，在打开的下拉菜单中选择"保护工作表"命令，如图 2-3-27 所示。

图 2-3-27　保护当前工作表

②此时将打开"保护工作表"对话框，在对话框的"取消工作表保护时使用的密码"框中输入保护密码，在"允许此工作表的所有用户进行"列表中勾选相应复选框选中需要保护的项，如图 2-3-28 所示。

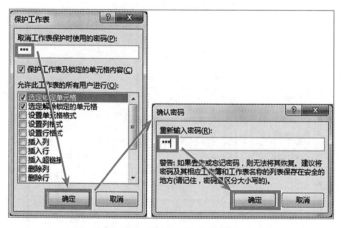

图 2-3-28　保护工作表及输入密码

③现在我们来尝试一下工作表是否成功设置了保护，双击单元格为例，如图·2-3-29 所示。

图 2 - 3 - 29　双击单元格查看是否成功设置了保护

④在"开始"选项卡的"单元格"组中单击"格式"按钮，在打开的下拉菜单中选择"撤销工作表保护"命令（即之前的"保护工作表"命令变为"撤销工作表保护"），将打开"撤销工作表保护"对话框，在该对话框中输入工作表的保护密码后单击"确定"按钮，便可撤销对工作表的保护，工作表恢复到可操作状态。点击"撤销工作表保护"按钮就会弹出一个对话框提示输入密码，我们输入密码后单击"确定"按钮，如图 2 - 3 - 30 所示。

（2）对当前 Excel 工作表内指定的内容进行保护。

方法步骤：

①全选整个工作表单元格，然后鼠标右键"设置单元格格式"。

②弹出"设置单元格格式"的对话框，选择保护按钮，将锁定前面的"√"单击取消，然后点击确定。

③选中需要保护的单元格，在"开始"选项卡的"单元格"组中单击"格式"按钮，在打开的下拉菜单中选择"设置单元格格式"命令，或者鼠标右键"设置单元格格式"，如图 2 - 3 - 31 所示②处。

图 2 - 3 - 30　撤销工作表保护

图 2 - 3 - 31　设置单元格格式

④弹出"设置单元格格式"的对话框，选择保护按钮，将锁定前面的"□"单击勾

选，然后点击确定。接下来和上面设置工作表保护步骤一样，在"开始"选项卡的"单元格"组中单击"格式"按钮，在打开的下拉菜单中选择"保护工作表"命令，如图 2-3-31 所示①处。

⑤打开"保护工作表"对话框，在对话框的"取消工作表保护时使用的密码"框中输入保护密码，在"允许此工作表的所有用户进行"列表中只勾选"选定解除锁定的单元格"后确定，如图 2-3-32 所示。确定后弹出"确认密码"对话框，输入密码后确定。验证成果，看看能否键入。

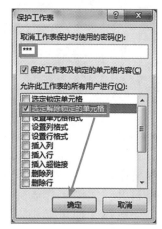

图 2-3-32　保护工作表

5. 编辑

这里可以快速填充一些常用公式，例如求和、求平均和计数，也可以对单元格进行选择性的清除（清除格式，清除内容，清除内容和格式），也可以进行快速的排序和筛选等。

（1）自动求和。

可以使用自动求和快速求和列或行或数字。选择下一步的数字求和，在开始选项卡上单击自动求和，按 Enter（Windows）或返回（Mac）。

单击自动求和时，Excel 将自动输入公式（使用 SUM 函数）对数字求和。

还可以键入 ALT + =（Windows）或 ALT + + =（Mac）到一个单元格，Excel 会自动插入 SUM 函数。

方法步骤：

①请选择数字所在列紧下方的单元格 C11，然后单击"自动求和"。公式将显示在单元格 C11 中，并且 Excel 会突出显示您正在计算的单元格，步骤如图 2-3-33 中①所示。

②按 Enter 键以显示单元格 C11 中的结果（3920）。您也可以在 Excel 窗口顶部的编辑栏中查看公式，步骤如图 2-3-33 中②所示。

③"自动求和"不仅可以求总和，还可以求出平均值、最大值、最小值、计数等，如图 2-3-33 中③所示。

④点击自动求和后面的三角形下拉按钮就会出现选项，这里计算平均值。选择一列，点击自动求和下拉按钮选择平均值，即可求出数据的平均值，步骤如图 2-3-33 中④所示。

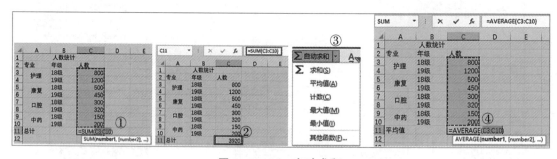

图 2-3-33　自动求和

（2）填充。

填充时，对它的方向进行操作，如图 2-3-34 中①所示。

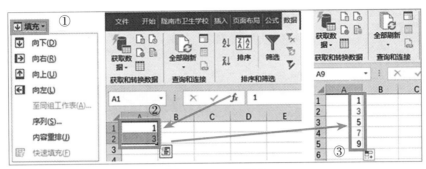

图 2 - 3 - 34　填充

方法步骤：

① Excel 进行数据录入，明确需要输入的数据规律。可以用单数、双数，也可以用等差、等比数列或者是日期等不同形式来进行填充。此处要输入的数据是单数。

②输入起始数据和第二个数据。在合适单元格中输入第一个数据，并根据数据规律输入第二个数据。此处输入的第一个数据为 1，第二个数据为 3。选定两个单元格。将输入数据之后的两个单元格按住鼠标左键，进行选定。在选定的时候要注意不是选定一个，而是两个单元格一起选定，如图 2 - 3 - 34 中②所示。

③按住加号键下拉。当选定两个单元格之后，在右下角会出现黑色加号，此时点击加号键并按住鼠标左键一直下拉。一直按住黑色加号下拉到需要的位置。在上述步骤中，一直下拉黑色加号到自己所需要的数量，数据会根据第一个和第二个单元格的变化自动填充，并且颜色也会对应，如图 2 - 3 - 34 中③所示。

（3）排序和筛选。

二、插入

该选项卡包括"表格"组、"插图"组、"图表"组、"迷你图"组、"文本"组、"符号"组等。该选项卡主要用于在表格中插入各种绘图元素，如图片、形状和图形、特殊效果文本、图表等。

1. 表格

在使用多数据筛选的过程中，我们经常要用到数据透视表，以方便各种数据的选择。

方法步骤：

（1）打开 Excel 2016 的工作表，如图 2 - 3 - 35 中①所示。

（2）切换到"插入"选项卡，单击"表格"组中的"推荐的数据透视表"按钮，如图 2 - 3 - 35 中②所示。

（3）此时会弹出一个"推荐的数据透视表"窗口，我们在左侧的类型中根据需要选择一个数据透视表。右侧有它对应的效果，然后单击"确定"按钮，如图 2 - 3 - 35 中③④⑤所示。

（4）返回到 Excel 中，我们看到窗口右侧多出了一个"数据透视表字段"窗格，可以在其中选择要添加到数据透视表中的字段，完成之后单击"关闭"按钮关闭窗格。如图 2 - 3 - 36 所示①处。

（5）现在就能看到数据透视表的模样了，并且 Excel 已经自动切换到"数据透视表工具→分析"选项，如图 2 - 3 - 36 所示②处。

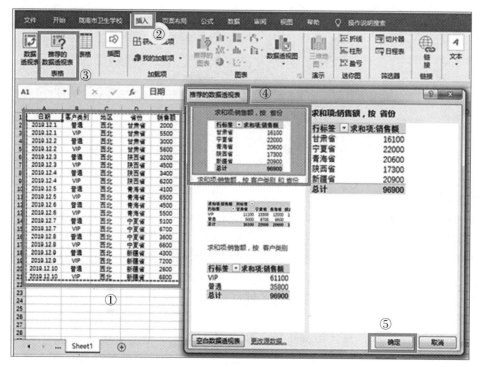

图 2-3-35　插入推荐的数据透视表

图 2-3-36　数据透视表字段

2. 插图

图片：将本地图片插入到工作表中。

联机图片：将互联网上的图片插入到工作表中。

形状：插入 Excel 内置的一些基本图形，例如矩形、圆形、三角形、箭头等。

SmartArt：是一种可视化表达的形式，方便表达例如列表、流程、循环、层次关系等内容。

屏幕截图：在当前屏幕截图并插入工作表中。

3.加载项

Excel 可以搭载第三方工具用来扩展更多的功能，而这些第三方工具被称为加载项。

应用商店：可以理解为应用市场，在这里可以找到各种用途的第三方工具。

我的加载项：管理已经安装好的加载项。

4.图表

（1）插入图表。

利用 Excel 2016 提供的"图表"选项组可以为工作表中选定的区域创建图表。选定要创建图表的数据区域，可以是连续区域或不连续区域，如选定人数统计；切换到"插入"选项卡，"图表"组中列出了多种图表类型，选择其中一种类型，如选择"柱形图"→"三维簇状柱形图"，即可在本工作表中插入相应的图表，如图 2-3-37 所示，可以看到插入的图表、数据源、图表工具菜单、设置格式窗格、快速设置按钮等。

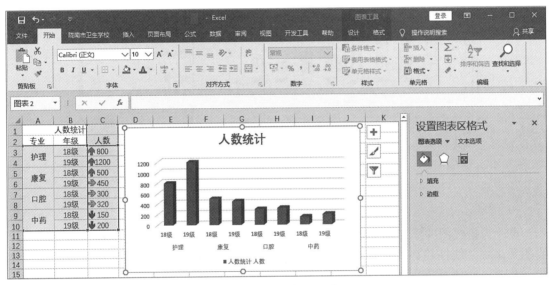

图 2-3-37　插入图表

图表的主要组成元素如图 2-3-38 所示，包括图表区、绘图区、图表标题、数据系列、数据标记、坐标轴、图例、刻度线、网格线等。这些元素的显示与否、布局情况、样式格式等，都可以根据需要进行设置。

（2）图表类型。

Excel 2016 提供了多种图表类型，可以用不同的图表类型表示数据，如柱形图、条形图、折线图、饼图、散点图、面积图、圆环图、旭日图、箱形图、雷达图、曲面图、树状图、气泡图、股价图等，有些图表类型又有二维和三维之分，一般和堆积之别，数值和百分比之异。选择一个最能表现数据的

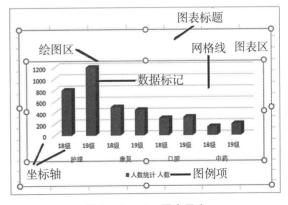

图 2-3-38　图表元素

图表类型，有助于更清楚地反映数据的差异和变化，从而更有效地反映数据。

（3）设置图表。

图表创建好后，一般要根据实际情况进行编辑和修改。编辑图表包括增加、删除、改变图表的内容，缩放或移动图表，更改图表类型，格式化图表内容及图表本身等。

选定图表时右侧会出现"图表元素""图表样式""图表筛选"3个快捷按钮，如图2-3-39所示①处，当鼠标指针移至某项时，会在图表中显示应用该项后的效果，可以非常方便地添加、删除、更改图表元素，设置图表样式和配色方案，编辑图表上要显示的数据点和名称，如图2-3-39所示②处。

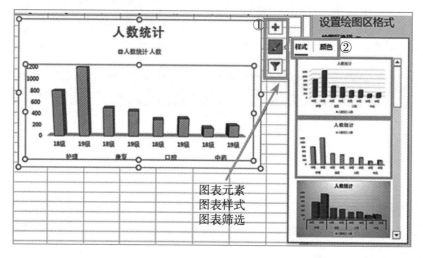

图2-3-39　编辑图表

更改为折线图并添加趋势线如图2-3-40所示，将"人数统计"数据系列更改为折线图并添加"线性趋势线"的效果。单击选定趋势线，也可以从弹出的窗格中设置趋势线的格式。但不能在三维图表、堆积图表、雷达图、饼图、曲面图、圆环图、旭日图、箱形图、树状图等图中添加趋势线。

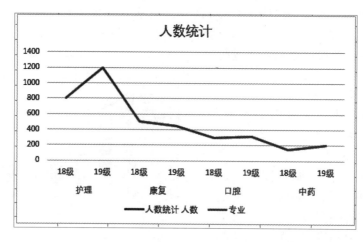

图2-3-40　更改为折线图并添加趋势线

5. 三维地图

"插入"→"三维地图"→打开三维地图,将数据在地图上进行图形化演示。出现"启用数据分析加载项以使用此功能",选择"启用",如图 2-3-41 所示。然后出现启动三维地图,打开此演示以编辑或播放它,如图 2-3-42 所示。右侧是可视化地图的一些参数设置:包含图标类型、位置、高度、类别、时间、筛选器、图层选项等,如图 2-3-43 所示。

图 2-3-41 启用数据分析加载项

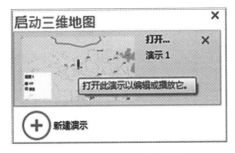

图 2-3-42 启动三维地图

方法步骤:

(1)设置地理字段,也就是位置,如图 2-3-43 所示②处。

PowerMap 已经自动识别了省份这个字段并且选中,我们可以打开看一下:里面有经度、纬度、X 坐标、Y 坐标、省、市、国家等,这里自动识别为省这个类别。

(2)选择可视化图形。PowerMap 提供的可视化图形有五类:堆积柱形图、簇状柱形图、气泡图、热度地图和区域。我们首先默认选中簇状柱形图,如图 2-3-43 所示①处。

(3)设置数据字段,也就是高度。柱形图的高度代表数据的大小。我们点击添加字段,选中销售额,如图 2-3-43 所示③处。

(4)我们也可以把图形改为平面图形,点击右上角的平面图形即可,如图 2-3-44 所示。

图 2-3-43 参数设置

图 2-3-44 图形的更改

(5)最常用的是用颜色的深浅表示数值的大小。选中第五种图表类型即可。当然,我们可以调节颜色等来美化地图,如图 2-3-45 所示。

(6)迷你图。迷你图是工作表格中的一个微型图表,可提供数据的直观表示。使用迷你图可以显示一系列数值的趋势,或突出最大值、最小值,在数据旁边放置迷你图可达到最佳效果。

1）插入迷你图。

迷你图不是 Excel 2016 中的一个对象，而是单元格背景中的一个微型图表。迷你图的类型有 3 种：折线图、柱形图、盈亏图，不同于"图表"。

2）美化迷你图。

对于插入的迷你图可以直接套用系统提供的"样式"；选定迷你图所在单元格，从"样式"组中选择合适的迷你图效果即可，如图 2-3-46 所示。

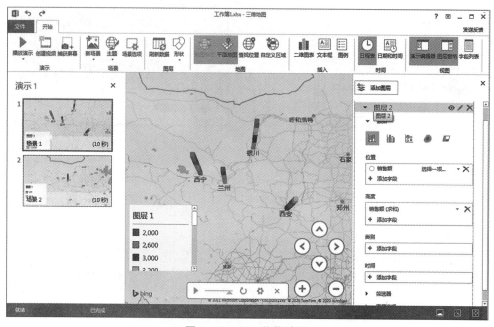

图 2-3-45　美化地图

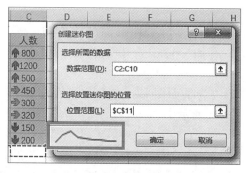

图 2-3-46　折线迷你图的插入及美化

3）编辑迷你图。

选定迷你图所在单元格，切换到"迷你图工具"的"设计"选项卡，如图 2-3-47 所示。

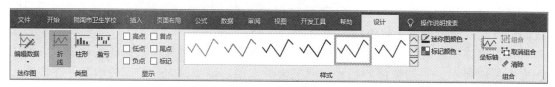

图 2-3-47　"迷你图工具"的"设计"选项卡

（7）筛选器。

切片器能够更快且更容易地筛选表、数据透视表、数据透视图等。用切片器筛选数据会比"筛选"功能更加直观和迅速，如图 2-3-48 所示。

Excel 2016 为快速筛选透视表中的数据增加了切片器功能，它包含一组按钮，是一个简单的筛选组件。在数据透视表工具的分析选项卡中执行"插入切片器"，打开相应对话框，如果想按"专业"交互筛选数据，就选择该字段，这样在窗口中出现一个切片器，如果用户想浏览"人数"数据透视表，就单击"人数"，效果如图 2-3-49 所示。

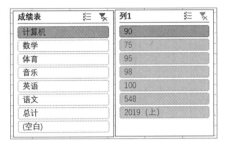

图 2-3-48　插入切片器　　　　　　　图 2-3-49　筛选数据

日程表：日程表能够更加快速地选择数据中的时间段。

（8）链接。

在文档中创建链接以快速访问网页或文件，超链接还可以将你转到文档的其他位置。

（9）文本。

文本框：除了单元格中的文字，文本框可以让文字"浮"在工作表的任何位置。

页眉和页脚：在每个打印页的顶端和底端出现指定的内容。

艺术字：创建各种字体形式。

签名行：用于指定必须签名的人，也可以插入经过认证的数字签名。

对象：对象是指插入到文档中的文档或其他文件。有时，将所有的单独文件嵌入一个文档会更加方便。

（10）公式。

公式：这里的公式不是指 Excel 函数公式，而是各种数学公式。

符号：添加键盘上没有的各种符号，例如数学符号、货币符号和版权符号等。

三、页面布局

该选项卡包含的组有"主题"组、"页面设置"组、"工作表选项"组等，其主要功能是设置工作簿的布局，比如页眉页脚的设置、表格的总体样式设置、打印时纸张的设置等，如图 2-3-50 所示。

图 2-3-50

1. 主题

系统中包含了多种主题模板，每种模板都有预设的表格颜色、字体和表格效果，如图 2-3-51 所示。

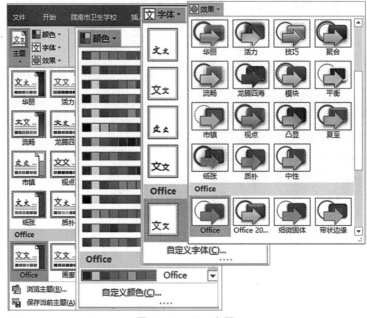

图 2-3-51　主题

颜色：预设了多种表格的调色方案，让你能够快速地调整表格的整体配色。

字体：一次性调整表格内所有文字的字体。

效果：快速调整表格或对象的普通外观，例如添加底纹或阴影等。

2. 页面设置

页面布局包含了页边距、纸张方向、大小、打印区域、分隔符、背景、打印标题等操作。

页边距：调整打印时，内容与纸张的边距，有预设的"宽""窄""常规"和"上次自定义设置"，也可以重新自定义调整。

纸张方向：设置打印时，纸张是横向还是纵向。

纸张大小：设置打印的纸张大小，例如 A4、B5 等。

打印区域：在表格中划定一块区域，打印时只打印这块区域的内容。

分隔符：设置打印时每一页的开始位置。

背景：设置工作表的背景图片，图片会以平铺的方式布满整个工作表。注意，通常情况下，背景图片只会在屏幕上显示，不能打印出来。

打印标题：设置在打印时，每一页都出现表头。

3. 调整为合适大小

宽度：收缩打印时的宽度，使内容符合特定的页数。

高度：收缩打印时的高度，使内容符合特定的页数。

缩放比例：按表格的实际大小，收缩或拉伸打印，例如，缩小打印或放大打印。

4. 工作表选项

网格线：网格线是每个单元格之间的灰色直线，勾选或取消查看后，会被显示或隐藏。默认情况下，如果不设置单元格边框，网格线不会被打印出来，但勾选了"打印"后，就能够被打印出来。

标题：在工作区的左边和顶端，分别有 1、2、3…和 A、B、C…这样，这个是单元格区域的标题，如果取消"查看"后，会被隐藏起来。勾选了打印以后，在打印时也会被打印出来。

5. 排列

上移一层和下移一层：调整工作表中对象（常用的是图片）的遮盖顺序。

选择窗格：查看工作表中的所有对象（常用的是图片），在对象多的时候非常有用。

对齐：调整对象之间的对齐方式。

组合：将多个对象进行组合。

旋转：调整对象的旋转角度。

四、公式

该选项卡主要集中了与公式有关的按钮和工具，包括"函数库"组、"定义的名称"组、"计算"组等。"函数库"组包含了 Excel 2016 提供的各种函数类型，单击某个按钮即可直接打开相应的函数列表。并且，将鼠标移到函数名称上时会显示该函数的说明。

1. 函数库

顾名思义，函数库包含的命令都是和 Excel 函数相关的：

插入函数：打开"插入函数"对话框，可以搜索函数，并显示函数的用途介绍；

自动求和：包含常用的"求和、平均值、计数、最大值和最小值"函数；

财务：插入财务类函数；

逻辑：插入逻辑类函数；

文本：插入文本类函数；

日期和时间：插入日期和时间类的函数。

2. 定义的名称

在 Excel 中，名称是一项相当重要的功能，能够简化很多的操作。它能够把单元格、单元格区域、函数等打包定义一个名字，然后我们只需引用这个名字就可以完成操作。例如：=SUM（我的销售数据）可以替代 =SUM（C20：C30）。

名称管理器：可以创建、编辑、删除、查找整个工作簿使用的所有名称。

定义名称：创建新的名称。

用于公式：选择当前工作簿的所有名称，并应用到当前公式（在工作簿拥有名称时可用）。

根据所选内容创建：根据所选择单元格的内容来创建名称。

3. 公式审核

利用公式的审核功能可以很容易地查找工作表中含有公式的单元格与其他单元格之间的关系，并且快速找出错误所在，可以追踪单元格、显示公式、检查错误等。可以通过单击开启或关闭菜单功能。

追踪引用单元格：追踪单元格功能可以使用户看到当前单元格的值所影响的其他单元格，以及哪些单元格的值会影响当前单元格。因此它包括追踪引用单元格和追踪从属单元格两种功能。追踪引用单元格是用于指示哪些单元格会影响当前单元格的值，箭头指向当前单元格；追踪从属单元格是用于指示哪些单元格受当前所选单元格值的影响，箭头从当前单元格指出，如图2-3-52所示。

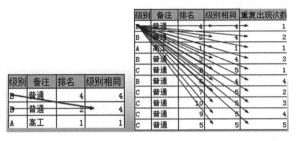

图2-3-52　追踪引用单元格

显示箭头，用于指示哪些单元格会影响当前所选单元格的值。

追踪从属单元格：显示箭头，用于指示哪些单元格受当前所选单元格的值影响。

移去箭头：删除"追踪引用单元格"或"追踪从属单元格"绘制的箭头。

显示公式：在每个单元格中显示公式，而不是公式的计算结果。

显示公式功能可以将工作表中所有的公式显示在相应单元格中。对于复杂的公式，用这种方法显示出来后，可以提高编辑公式的效率，公式中引用的单元格名称的颜色和与之对应的单元格底纹边框色一致，方便用户编辑与查看公式引用的单元格的数据，如图2-3-53所示。

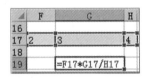

图2-3-53　显示公式

在编辑公式或函数时如果有错误，系统会显示相应的提示，或利用错误检查功能进一步确定出错原因、显示计算步骤等。不同的错误会显示不同的提示信息，见表2-3-1。用户需根据相应的提示进行修改。

表2-3-1　公式或函数中的出错提示

提示符	错误原因	修改办法
#DIV/0!	公式的除数为0，或空单元格被删除	将除数修改为非0或非空格值
#NAME?	公式中引用的对象名称无法识别	修改公式中引用的对象名称
#REF	公式中引用的单元格不存在，如公式中引的单元格被删除等	修改公式中引用的单元格名称
#VALUE	函数中参数的数据类型与要求不符	修改单元格中的数据类型
#NULL	公式中引用了不正确的区域或公式中丢失运算符，如 -SUM（F4 F5）	修改区域名称或补全运算符

错误检查：检查使用公式时发生的常见错误。

公式求值：分步计算公式的各部分，用来验证计算结果是否正确。

可以单击求值按钮跟踪公式的计算顺序和过程，也可单击步入/步出按钮查看每一步的计算结果，分段检查公式的求值结果，进行分析和排错。

监视窗口：监视窗口会停靠在最上方，将单元格添加到监视窗口后，可以在更新其他部分时快速查看到结果。

4.计算

计算选项：选择用自动计算或手动计算公式，当工作簿涉及大量数据和公式时，每次更改其中一个值都自动计算会让效率变低，此时可以选择手动计算。

开始计算：如果选择手动计算，按"开始计算"或 F9 可以立即对整个工作簿进行计算。

计算工作表：立即对当前工作表进行计算。

五、数据

该选项卡中包括"获取外部数据"组、"获取和转换"组、"连接"组、"排序和筛选"组、"数据工具"组、"预测"组及"分级显示"组等，主要是如何获取外部数据，简单整理数据，数据如何进行排序和筛选，如何进行模拟分析预测，如图 2-3-54 所示。

图 2-3-54　数据选项卡

1.获取外部数据（见图 2-3-55）

外部数据的几种导入类型：导入数据库类数据、网站类数据、文本类数据。首先来看一下使用最多的文本数据的导入方式。

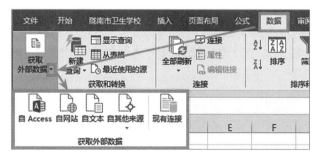

图 2-3-55　获取外部数据

方法步骤：

（1）打开 Excel 2016，找到菜单栏中的"数据"，点击"数据"下方功能区中"获取外部数据"的倒三角号，找到"自文本"图标，并点击。

（2）选择要导入的数据文本，点击"导入"。

（3）进入文本导入向导，选择文件类型，一般选择分隔符号，当然也可以根据自己文本的方式来选择是分割符号还是固定宽度，然后点击"下一步"。

（4）选择分割符号类型，Tab 键、分号、逗号、空格或是其他，在数据预览处可以看到数据效果，设置完毕后点击"下一步"。

（5）列数据格式直接采用默认设置，点击完成。

（6）在弹出的导入数据框，设置数据的放置位置，可以在现有工作表或者新工作表之后点击"确定"，即可在 Excel 中看到导入效果。

（7）还有其他的外部数据导入方式，例如导入网站数据，可以在"数据"→"获取外部数据"→"自网站"，进行设置导入。

2. 获取转换和连接

Excel 2016 中的"获取和转换（Get & Transform）"功能可以为用户提供快速简便的数据收集和整理能力，允许用户连接、组合以及完善数据源来满足分析需求。

3. 排序和数据筛选

（1）排序。

1）数据排序有：简单排序、多字段排序、按特定顺序排序，如图 2-3-56 所示。

图 2-3-56　按单元格颜色排序

2）其他排序方式：

①按单元格颜色排序：该功能可以将某列中具有相同颜色的单元格排在列的顶端或底端。例如，先将"年级"数列中值为"18 级"的单元格填充为黄色（可用条件格式填充），选定工作表中的排序区域，在排序对话框中进行设置，就可将所有黄色填充的单元格排序到列的顶端。

②按单元格图标进行排序：该功能可以将某列中具有相同图标样式的单元格排在列的顶端或底端，如图 2-3-57 所示。

图 2-3-57　按单元格图标进行排序

（2）数据筛选。

1）自动筛选。如果筛选条件比较简单，可以选择自动筛选。自动筛选时能直接选择筛选条件，可以直接升序、降序、按颜色排序或简单定义筛选条件，如图 2-3-58 所示。

2）高级筛选。当自动筛选无法提供筛选条件或筛选条件较多、较复杂时，用户可选择高级筛选。在进行高级筛选前，需要先在工作表中建立条件区域。将含有筛选条件的字段名复制或输入空单元格中，在该字段下方的单元格中输入要匹配的条件（注意不能将字段与条件输入同一个单元格中）。

图 2 - 3 - 58　自动筛选

如果在图中勾选"选择不重复的记录"，则筛选结果中符合条件的记录没有重复值，如图 2 - 3 - 59 所示。

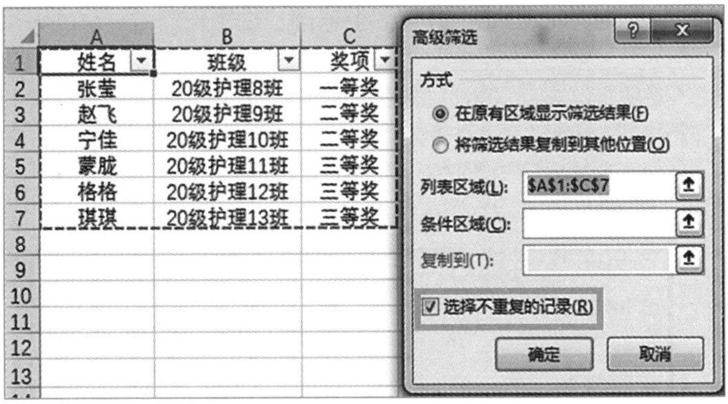

图 2 - 3 - 59　高级筛选对话框

高级筛选是处理重复数据的利器。利用高级筛选功能对匹配指定条件的记录进行筛选，从两张结构相同的表中筛选出两个表记录的交集部分或差异部分。把两张表中的任意一张作为条件区域，从另外一张表中就能筛选出与之相匹配的记录，忽略其他不相关的记录。

3）取消自动筛选。单击进行了筛选的字段名右侧的下拉箭头，选择其中的"从…中清除筛选"项，可取消该列的筛选而显示出全部数据。

单击"数据"→"排序和筛选"→"清除"按钮，可取消该列的筛选而显示出全部数据。

单击"数据"→"排序和筛选"→"筛选"按钮，可取消自动筛选的下拉箭头。

4. 数据工具

分列：将单列文本拆分为多列。例如，可以将全名列分隔成单独的名字列和姓氏列。

可以选择拆分方式：固定宽度或者在各个逗号、句点或其他字符处拆分。

点击"数据"菜单→"数据工具"中的"分列"选项→"下一步"→用"/"来作为分隔符，所以点击其他→点击目标区域右边的符号→勾选想要列表的目标区域→点击完成，这样就实现了数据分列。

快速填充：自动填充值。输入所需的许多示例作为输出，并确保在要填充的列中有单元格处于活动状态。

删除重复值：删除工作表中的重复行。可以选择应检查哪些列的重复信息。

数据验证：向工作表中输入数据时，为防止用户输入错误数据，可为单元格设置有效数据范围，限制用户只能输入指定范围的数据。数据有效性可控制输入的数据范围、小数位数、文本长度、日期间隔、序列内容，甚至可以使用自定义公式进行限制。

合并计算：汇总单独区域中的数据，在单个输出区域中合并计算结果。例如，如果您拥有各个区域办事处的费用数据工作表，可以使用合并计算来将这些数据汇总到一个公司费用工作表中。

关系：创建或编辑表格之间的关系，以在同一份报表上显示来自不同表格的相关数据。

管理数据模型：转到 Power Pivot 窗口添加和准备数据或继续处理此工作簿中已有的数据。

5. 预测

预测工作表功能，可以从历史数据分析出事物发展的未来趋势，并以图表的形式展现出来。历史数据的周期越多，预测的准确性越高，如图 2-3-60 所示。

图 2-3-60　预测选项

模拟分析：使用方案管理器，单变量求解和模拟运算表为工作表中的公式尝试各种值。包括方案管理器、单变量求解、模拟运算表。

预测工作表：创建新的工作表来预测数据趋势。在生成的可视化预测工作表之前先预览不同预测选项。

预测开始：从历史数据中的哪一期数据开始预测。

置信区间：设置预测值的上限和下限；该值越小，则上下限之间的范围越小。

使用以下方式填充缺失插值点：默认为"内插"，是根据数据的加权平均值计算出的插值，也可以将其置为"0"，即不进行缺值的插值计算。

使用以下方式聚合重复项：Excel 在计算预测值时会将一个月内的多个值进行"聚合"，"聚合"的方式包括平均（默认）、计数、最大 / 最小 / 中值等。

6. 分级显示

包括组合（Shift+ Alt+ 向右键）、取消组合、分类汇总、显示 / 隐藏明细。

（1）分组显示：可以快速显示摘要行或摘要列，或者显示每组的明细数据；可创建行的分级显示、列的分级显示或者行和列的分级显示；分级最多为 8 个级别，每组一级，如图 2 - 3 - 61 所示。如果要将数据表中某些有共同数据特征的行作为一组进行显示，可以通过分组显示功能将其按组 / 级折叠或展开。可以手动进行组合，也可自动建立分级。使用组合功能可以让某个范围内的单元格进行关联，从而可对其进行折叠或展开，如图 2 - 3 - 62 所示。

图 2 - 3 - 61　组合 / 查看分级显示的高级选项 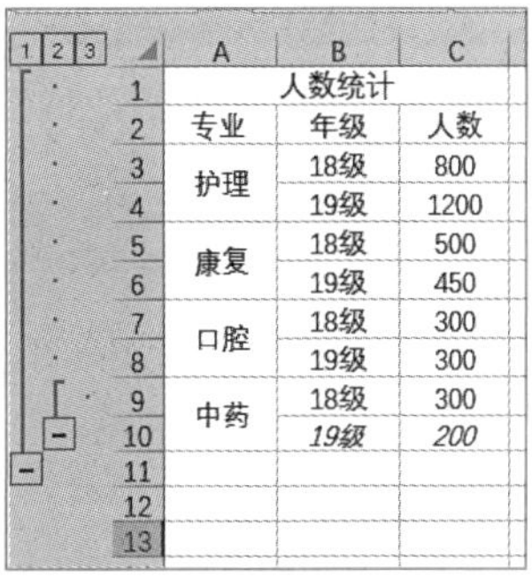　　　　图 2 - 3 - 62　折叠分组数据

自动建立分级显示是有条件的，只有当数据行之间含有公式，可以确定包含关系时才可以，工资表中应发工资是前几项工资之和，如果只想浏览每人的应发工资项而隐藏前几项值，可以在选定数据区域后，单击"创建组"下面的"自动建立分级显示"，Excel 2016 就可以根据这个计算关系自动创建组。图 2 - 3 - 63 所示为"按列"创建的分组，分组级别及折叠展开按钮在表格上方。

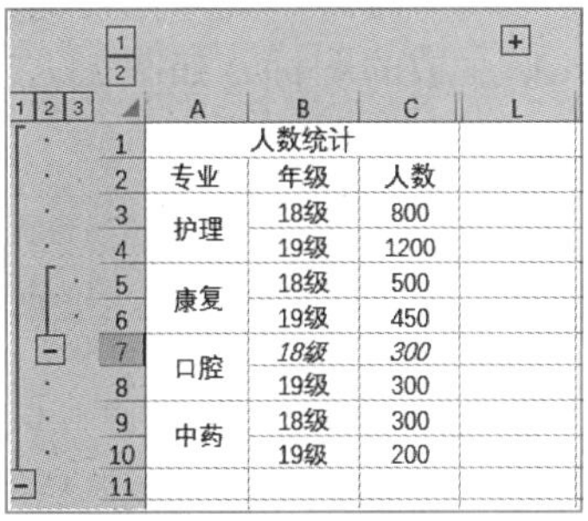

（2）分类汇总：分类汇总数据，是按一定条件对数据进行分类的同时，对同一类别中的数据进行统计运算，包括求和、计数、平均值、最大值、最小值、乘积、数值计算、标准偏差、总体标准偏差、方差、总体方差。该方法被广泛应用于财务、统计等领域，如图 2 - 3 - 64 所示。

图 2 - 3 - 63　自动建立分级显示

1）分类汇总方法。

在对某字段中的数据进行统计汇总之前必须先依据该字段进行排序，将该字段中值相同者归为一类，即先进行分类操作。

2）分类汇总表的查看（见图 2 - 3 - 65）。

分类汇总表一般分为 3 层，第 1 层为总的汇总结果范围，单击它，只显示全部数据的汇总结果；第2层代表参加汇总的各个记录项，单击它，显示总的汇总结果和分类汇总结果；单击层次按钮3，显示全部数据。而单击某个折叠或展开按钮，可以只折叠或展开该记录项的数据。单击图对话框中的"全部删除"按钮，可删除分类汇总表而返回原工作表。

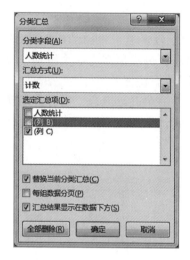

图 2-3-64　分类汇总

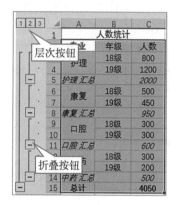

图 2-3-65　"分类汇总"对话框及结果

六、审阅

该选项卡中包括"校对"组、"语言"组、"批注"组、"保护"组及"墨迹"组。

方法步骤：

（1）打开需要设置的表。点击"审阅"→"允许用户编辑区域"。

（2）打开"允许用户编辑区域"→点击"新建"；在弹出的新区域窗口→点击引用单元格后边的图标，如图 2-3-66 所示。

图 2-3-66　在允许用户编辑区域新建

（3）选择引用单元格的区域，在区域密码输入设置密码→点击"确定"→在确认密码窗口重新输入密码（注意下面的警告说明，密码要牢记）→点击"确定"，如图 2 - 3 - 67 所示。

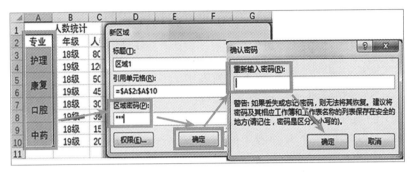

图 2 - 3 - 67　设置密码

（4）在返回的允许用户编辑区域继续新建→引用单元格→设置区域密码，和以上两步操作相同不再赘述，如图 2 - 3 - 68 所示。

（5）在允许用户编辑区域还可以对建好的区域进行修改、删除、权限设置等操作。

（6）设置完成允许用户编辑的区域之后，点击"保护工作表"→选择"允许此工作表的所有用户进行"的操作→设置密码→"确定"，如图 2 - 3 - 69 所示。

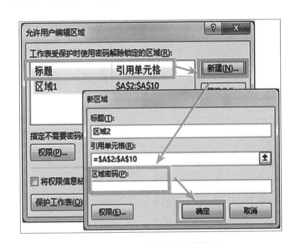

图 2 - 3 - 68　设置区域密码

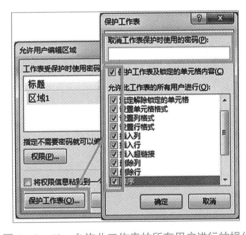

图 2 - 3 - 69　允许此工作表的所有用户进行的操作

（7）对表进行检验设置是否正确。分别对单元格进行编辑，都会出现需要输入密码的窗口弹出，输入正确的密码后可以进行编辑，说明设置成功。

七、视图

该选项卡中包括"工作簿视图"组、"显示"组、"缩放"组、"窗口"组及"宏"组。

我们可以使用在工作簿视图中进行切换，在常规编辑的时候，就是在普通视图下面，如果说需要进行页眉和页脚设置，那么用页面布局视图，就是一个最好的选择。我们还可以对工作表窗口进行放大、缩小显示，都可以在这里面进行选择。

八、开发工具

还有一些特殊的选项卡隐藏在 Excel 中，只有在特定的情况下才会显示。例如"开发工具"选项卡。如果要显示"开发工具"选项卡，可以按照以下步骤进行操作。

方法步骤：

（1）单击"文件"按钮，然后在下拉列表中单击"选项"命令，打开"Excel 选项"对话框。

（2）单击左侧窗格的"自定义功能区"项，然后选中"自定义功能区"下方列表中的"开发工具"复选框，如图 2－3－70 所示。

（3）单击"确定"按钮，此时在功能区会显示"开发工具"选项卡。

图 2－3－70 "开发工具"

項目4

PPT 2016 演示文稿

任务 1　PowerPoint 2016 简介

　　演示文稿如同一本书，而其中的每一页就是一张幻灯片。一般一个演示文稿展示一个确切的总主题，而其中的幻灯片则是对该主题的分解阐释。一张幻灯片的内容不宜过多，字体不宜过小。

　　启动 PowerPoint 2016 后，即可看到程序主界面。PowerPoint 2016 程序主界面主要由快速访问工具栏、标题栏、功能区、幻灯片编辑区、视图窗格、备注窗格和状态栏等几个部分组成。以下介绍一下其区别于其他两个软件的功能。

　　1. 幻灯片编辑区

　　PowerPoint 窗口中间的白色区域为幻灯片编辑区，该部分是演示文稿的核心部分，主要用于显示和编辑当前显示的幻灯片。

　　2. 视图窗格

　　视图窗格位于幻灯片编辑区的左侧，用于显示演示文稿的幻灯片数量及位置。视图窗格中默认显示的是"幻灯片"选项卡，它会在该窗格中以缩略图的形式显示当前演示文稿中的所有幻灯片，以便查看幻灯片的设计效果。在"大纲"选项卡中，将以大纲的形式列出当前演示文稿中的所有幻灯片。

　　3. 备注窗格

　　位于幻灯片编辑区的下方，通常用于为幻灯片添加注释说明，比如幻灯片的内容摘要等。

　　将鼠标指针停放在视图窗格或备注窗格与幻灯片编辑区之间的窗格边界线上，拖动鼠标可调整窗格的大小。

任务 2　PowerPoint 2016 功能操作与应用

一、高清 1080P

　　小功能升级，PowerPoint 2016 支持将演示文件导出为 1080P 视频，如图 2-4-1 所示。

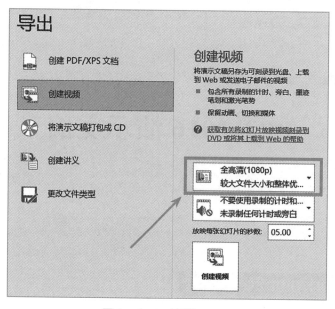

图 2-4-1　高清 1080P

二、绘图

使用"设置形状格式"任务窗格对形状的外观进行微调，包括形状、排列、快速样式、形状操作（填充、轮廓、效果），如图 2-4-2 所示。

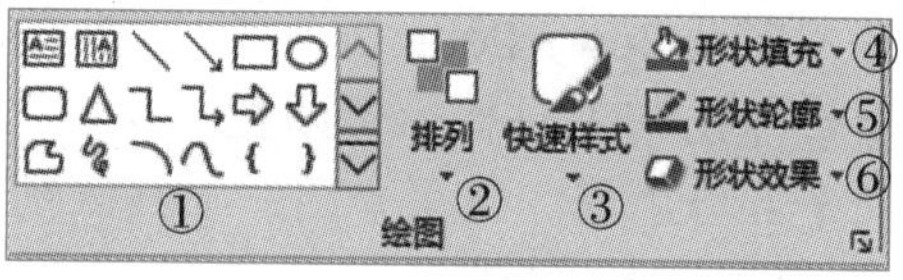

1. 形状

图 2-4-3 所示①处是"插入"选项卡下"绘图"功能区的"形状"，是插入现成形状，例如圆形、正方形和箭头。

2. 排列

在使用 PowerPoint 2016 的时候，经常使用的就是图形了。对于绘画图形来说，经常需要使用的工具就是图形的排列组合。通过更改幻灯片上对象的顺序、位置和旋转来对其进行排列，也可以将多个对象组合在一起，以便将它们作为单个对象处理。

对于组合来说，我们要讲授的对齐的就是其中的一个功能，它对于很多图形来说都是非常方便的。

方法步骤：

（1）框选出需要的长方形为一个整体组合。点击绘图工具下方的"格式"选项卡，进行相应的修改。

（2）在"开始"选项卡下"绘图"功能区中点击"排列"，在排列工具中，点击对齐选项，在弹出的下拉列表框，可以看到很多对齐的选择，我们根据需要来选择图形。

图 2-4-2　绘图

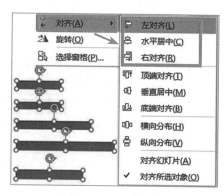

图 2-4-3　左对齐

（3）这里绘画出来的是水平的图形，选择的就是左对齐、水平居中、右对齐，这三个选项，根据需求选择就可以了。

说明一下：对齐的都是根据图形位置的极端位置来确定的，比如左对齐就是以图形当中最左的图形作为对照，如图2-4-3所示。

（4）竖直方向的图形对齐，点击格式进入对齐，然后我们需要选择的就是顶端对齐、垂直居中、底端对齐，根据需要来选择图形。对齐的方式和水平对齐是一样的。

（5）对齐方式是以图形当中最极端的位置来确定，如果是顶端对齐的话，也就是以所有图形的中线的平均位置来确定的。对这些有所了解，到时候再调整位置的时候就会方便一些。

（6）对齐对象。可以看到有2个选项，分别是"对幻灯片"和"对所选对象"。如果是"对幻灯片"的话，也就是以幻灯片的边界或者中心来确定的，比如顶端对齐，那么会移动到幻灯片的顶端。

（7）调整图形分布。也就是调节各个图形之间的位置，手动排的图形会有一些误差，选择分布的话，就非常均匀了。

这里如果是竖直图形就点击横向分布，水平图形就点击纵向分布。

3. 快速样式

用PPT做一些流程图之类的时候总感觉很麻烦，尤其是有时候还需要一些审美，这要求就高了。其实PPT是有一些快速样式的，可以减轻人们的劳动。在"开始"选项卡下选择"绘图"功能区中的"快速样式"，就会打开主题样式（42种）、预设（35种）、其他主题填充（12种），根据所需进行选择，如图2-4-4所示。

三、插入

除Office共有部分外，还包括新建幻灯片、表格、图片、形状（箭头、图形）、SmartArt、图表、超链接、文本框、页眉、艺术字、文本框、公式、符号、视频等。

1. 新建幻灯片

在演示文稿中添加幻灯片，有11种主题可供选择，如图2-4-5所示。

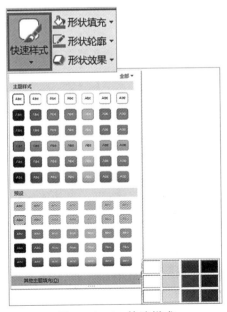

图2-4-4　快速样式

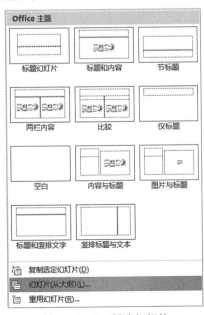

图2-4-5　新建幻灯片

2. 表格插入与绘制

（1）插入表格。

1）直接拖动选择，需要几行几列就直接选择几行几列，如图2-4-6所示①处。

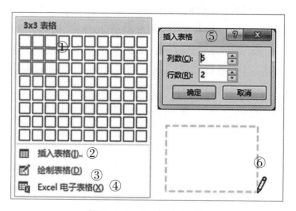

图2-4-6 插入表格

2）是点对话框直接填写具体的行列，如图2-4-6所示⑤处。

（2）绘制表格。

1）选择"绘制表格"，如图2-4-6所示⑥处。此时鼠标变成笔形，按鼠标左键，在幻灯片窗格拖出一个矩形框作为表格的外侧框线。然后鼠标在绘制的表格框线内横向拖动绘制横线、纵向拖动绘制竖线，也可以在单元格绘制表头斜线。此时窗口出现关联菜单"表格工具"，如图2-4-7所示。

图2-4-7 绘制表格

2）绘制的表格线型、线条颜色都是默认的，如果要更改线型及线条颜色，在"绘图边框"组中设置"笔样式""笔划粗细""笔颜色"。

3）接着选中绘制的表格，在"表格样式"组中单击"边框"按钮的下拉箭头，选择"所有框线"，或根据需要对具体某部分框线进行设置。当然，也可以直接使用"表格样式"里的样式。

3. 插入图像

（1）插入图片/插入联机图片。

选择"插入"选项卡，单击"图像"选项组中的"图片"按钮，在功能区中单击图片，会出现"插入图片"对话框。根据所需插入到幻灯片中，根据需要调整位置和大小即可，如图2-4-8所示。

（2）联机图片。

从各种联机来源中查找和插入图片，选择"鸟类"，查看全部，鸟类的图片就打开了，选择自己需要的插入即可。

图 2 − 4 − 8　插入图片

（3）屏幕截图。

获取屏幕的部分快照并将其添加到文档，点击选项卡"插入"→"屏幕截图"即可。

（4）相册（相当于以前版本的插入剪贴画）。

插入相册的操作：选择"插入"选项卡，在"相册"选项组中单击"新建相册"按钮。再选择所需的图片，即可将其自动插入到幻灯片中。在"相册"，从中选择图片来源、插入文本，设置相册版式后创建，出现"插入新图片"，从中选择需要的图片插入即可。

4. 插入插图

（1）插入 SmartArt。

SmartArt 图形以直观的方式交流信息，SmartArt 图形包括图形列表流程图以及更为复杂的图形，例如维恩图和组织结构图，如图 2 − 4 − 9 所示。

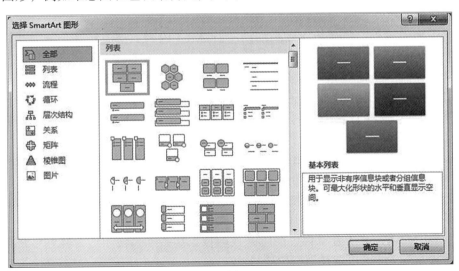

图 2 − 4 − 9　插入 SmartArt

（2）插入图表。

打开需要插入图表的演示文稿，选中要插入图表的幻灯片后切换到"插入"选项卡，单击"插图"选项组中的"图表"按钮，在弹出的"插入图表"对话框中选择需要的图表样式，（在 PPT 中有很多图表样式，有免费、限免和收费，我们可以根据实际需要选择适合自己的图表样式），单击"确定"按钮，即可在幻灯片中插入一个图表，如图 2 - 4 - 10 所示。

对图表进行数据编辑、更换、添加图表元素等设置。

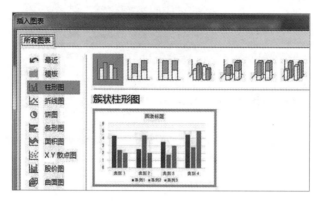

图 2 - 4 - 10　插入图表

5. 加载项

插入加载项，然后使用 Web 增强工作。

加载项也称为 ActiveX 控件、浏览器扩展、浏览器帮助应用程序对象或工具栏，可以通过提供多媒体或交互式内容（如动画）来增强对网站的体验。但是，某些加载项可导致计算机停止响应或显示不需要的内容，如弹出广告。如果怀疑浏览器加载项影响计算机，则可能要禁用所有加载项以查看这样是否解决问题。

使用 PowerPoint 加载项，可以跨平台（包括 Windows、iPad、Mac 和浏览器）生成极具吸引力的解决方案，从而有效展示用户的演示文稿。可以创建以下两种类型的 PowerPoint 加载项：

使用内容外接程序向演示文稿添加动态 HTML5 内容。有关示例，请参阅可用于将交互关系图从 LucidChart 插入面板的 PowerPoint 的 LucidChart 关系图外接程序。

使用任务窗格加载项引入参考信息或通过服务将数据插入演示文稿。有关示例，请参阅可用于在演示文稿中添加专业照片的 Pexels 免费素材图片加载项。

打开加载项或我的加载项都会打开加载项，包括"我的加载项""管理员托管"和"应用商店"。

（1）我的加载项：拥有的 Office 应用商店，应用商店插入加载项，使用箭头键可在选项卡项目之间导航，按 Tab 键可选择第一个项目。

（2）管理员托管：分配给你的加载项，使用箭头键可在选项卡项目之间导航，按 Tab 键可选择第一个项目。

（3）应用商店：商店查看你可能感兴趣的特色加载项，使用这个软件可在选项卡项目之间导航，按 Tab 键可选择第一个项目。

6. 链接

（1）链接：在放映幻灯片前，可在演示文稿中插入超链接，从而实现放映时从幻灯片中某一位置跳转到其他位置的效果，如图 2 - 4 - 11 所示。

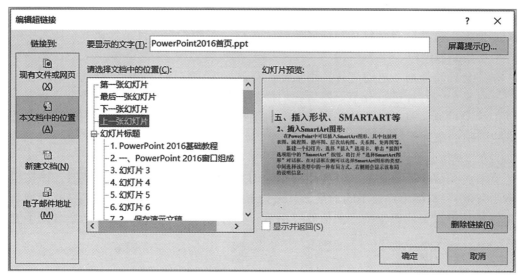

图 2 - 4 - 11　链接

（2）动作：为所选对象提供单击或鼠标悬停时要执行的操作。例如，可以将鼠标悬停在某个对象上方，你跳转到下一张幻灯片，或单击它时打开新的程序，如图 2 - 4 - 12 所示。

图 2 - 4 - 12　动作

7. 缩放

缩放定位功能，运用得当可以给 PPT 增色不少。

（1）摘要缩放。

这是一个非常适合做目录和转场效果的技能。在需要插入目录的地方，插入→缩放定位→摘要缩放定位。

软件会自动新增一页幻灯片，用来专门存放摘要缩略图，同时根据选择的页面为分界线，对整个幻灯片进行分节。然后我们播放看一下效果：从目录到转场页，会有一个自动的平滑过渡；每一节播放完之后，会自动平滑跳转回目录页。这样的幻灯，会带给观众更清晰的条理性。

（2）节缩放。

节缩放类似于摘要缩放，其使用前提是幻灯片已经有分节（没有分节时，该按钮会显示为灰色）。与摘要缩放不同的是，节缩放不会新增页面，其使用类似超链接，但是这种超链接是可以来回调整的，即播放完小节，会自动返回。建议大家自己亲自动手做一下，然后对比体验一下和"摘要缩放"的效果。

（3）幻灯片缩放。

觉得幻灯片缩放是一种相对更加灵活的缩放形式，这种形式允许我们插入任意页的幻灯片。播放时，软件会在每页之间插入过渡效果，可以视为做一种特别的页面切换效果。在前一页插入后一页，如此循环，插入多页。

8. 批注

选择"插入"选项卡，单击"批注"按钮，右侧出现批注栏，可输入批注内容及答复内容，在插入批注的位置出现批注图示，如图 2 - 4 - 13 所示。

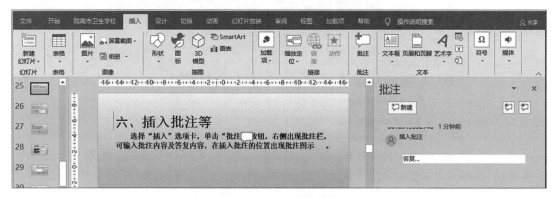

图 2 - 4 - 13　插入批注

9. 幻灯片编号

点击"插入"选项卡，接下来在打开的"文本"功能区中点击"幻灯片编号"图标。这时就会在文本指针的地方插入编号。

10. 符号

（1）公式：是系统自带的公式模板。

方法步骤：

1）切换到"插入"选项卡，再点击工具栏"符号"中的"公式"下拉按钮，下拉菜单中已经列出一些常用公式。

2）选中想要的公式，点击即可直接输出公式。如果公式为选中状态，就会自动切换到"公式工具 - 设计"选项卡，此时通过工具栏上提供的各种公式工具，即可对公式进行编辑修改。

3）也可以直接单击"公式"，插入一个全新的空白公式框，然后同样是在"公式工具－设计"选项卡中进行公式编辑。输入符号很简单，比如点击"根式"，从下拉菜单中选择想要的根式形式，或者常用算式，点击即可。至于增删等操作，与普通字符相似。

（2）墨迹公式。

方法步骤：

1）在公式下拉菜单的底部，我们会发现一个"墨迹公式"的选项，点击它之后，即可启动数学输入控件窗口。在这里，你可以通过鼠标手写的方式来输入公式。输入完毕，点击"插入"就可以啦。

2）如果手写的输入识别有误，可以点选"选择和更正"，然后再点击识别错误的符号，就会弹出一个选项框，让你选择正确的符号，点击即可。

（3）符号。

"插入"选项卡→"符号"功能区→选择"符号"→打开"符号"对话框，选择需要的插入即可。

11. 媒体

（1）插入视频。

我们可以将视频文件添加到演示文稿中，来增加演示文稿的播放效果，步骤如图 2－4－14 所示。

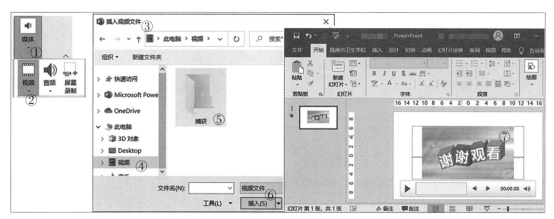

图 2－4－14　插入视频

方法步骤：

1）"插入"→"媒体"→"视频"→打开"插入视频文件"对话框，如图 2－4－14 所示①②③处。

2）定位到需要插入视频文件所在的文件夹，选中相应的视频文件，然后按下"插入"按钮，如图 2－4－14 所示④⑤⑥处。

3）根据需要可将声音文件插入当前幻灯片中。

4）调整视频播放窗口的大小，将其定位在幻灯片的合适位置上即可。如图⑦处。

演示文稿支持 avi、wmv、mpg 等格式视频文件。

（2）屏幕录制（新增）。

PowerPoint 2016 提供了屏幕录制功能，通过该功能可以录制计算机屏幕中的任何内容。从左到右依次是：开始录制、结束录制、选择录制区域、录制音频、录制指针。最后两项默认是选中的。注意：这个时候，PPT 文档会自动最小化，如果你想录制这个文档，就可以在任务栏点击，使之最大化，然后进入放映状态。

方法步骤：

1）点击"选择区域"，选取录制范围，录制 PPT 的话，就要选取全屏了，如图 2-4-15 所示①处。

2）点击"录制"进入录制状态。

倒计时进入录制状态，整个录制过程电脑运行非常流畅，鼠标也不闪动，可能是微软自己的产品在自家的系统中运行，有着天生的优越感。录制工具条隐藏在屏幕顶端中央，鼠标移动到那里，会自动出现，如图 2-4-15 所示②处的倒计时。

3）点击"停止"，PPT 就会把录制的 MP4 文件插入当前页面，注意，是直接生成 MP4，而且生成的速度相当快，如图 2-4-15 所示③处。

4）更为惊喜的是：点击"修剪"可以剪掉首尾不需要的内容，点击"将媒体另存为…"，就可以把 MP4 导出来，这个过程也是无须等待的，如图 2-4-15 所示④处。用它翻录在线视频，录制 QQ 群培训视频，轻巧不卡机，直存 MP4，速度飞快。

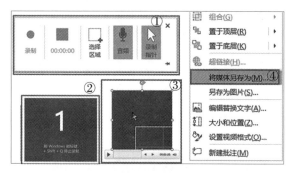

图 2-4-15 屏幕录制

四、设计

包括主题、变体、自定义。

（1）主题、自定义。

Office 2016 由 Office 2013 发展而来，在页面设计上和 Office 2013 基本相同，但也有很多比 Office 2013 优秀的地方，比如 Office 2016 中增加了主题颜色。Office 2013 中的主题颜色只有黑白两色，Office 2016 中除黑白之外还有彩色。分享一下切换几种主题的方法。

方法 1：

1）启动 PPT，在"设计"选项卡中单击"主题"组中的"其他"按钮，在打开的主题列表中选择需要使用的主题即可将其应用到幻灯片中，如图 2-4-16 所示。

2）如果需要应用外部的主题样式，可以在"设计"选项卡中单击"主题"组中的"其他"按钮，在打开的下拉列表中选择"浏览主题"选项，此时将打开"选择主题或主题文档"对话框，选择需要使用的主题文件后单击"应用"按钮即可将其应用到当前演示文稿中。

方法 2：

1）打开 PPT，新建空白文档，然后切换到"设计"面板，点击"主题"右下角的按钮，弹出"所有主题"，我们选择"积分"主题。当然还可以选择其他主题。

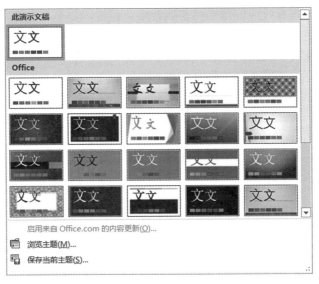

图 2 - 4 - 16　主题

　　如果要将某个主题应用到选定的幻灯片的话，点击"应用于选定的幻灯片"选项，如图 2 - 4 - 17 所示。

　　2）当然，如果对预设的主题不满意，也可以自定义主题。点击最右侧的"自定义"中的"设置背景格式"，如图 2 - 4 - 18 所示。可以在右图中看到所有的设置。背景的设置可以选择"纯色填充""渐变填充""图案填充"等。

图 2 - 4 - 17　应用于选定的幻灯片

图 2 - 4 - 18　设置背景格式

　　（2）变体。

　　对 Office 主题的外观进行设置。

　　PPT 2016 附带全新的切换效果类型"变体"，可帮助你在幻灯片上执行平滑的动画、切换和对象移动。若要有效地使用变体切换效果，通常需要至少包含一个对象的两张幻灯片，最简单的方法是复制幻灯片，然后将第二张幻灯片上的对象移动到其他位置，或者复制并粘贴一张幻灯片中的对象并将其添加到下一张幻灯片。然后，选中第二张幻灯片，转到"切换"→"变体"，以了解变体如何能够在多张幻灯片上为你的对象添加动画、移动和强调效果，对①颜色、②字体、③效果、④背景样式进行设置，如图2-4-19所示。

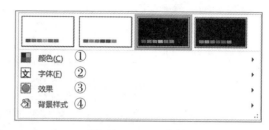

图2-4-19 变体

五、切换

在制作幻灯片的时候，要想有更好的演示效果，设置不同的幻灯片切换效果，设置幻灯片之间的切换效果，或幻灯片的切换方式、有无切换声音就显得十分必要。

方法步骤：

（1）打开幻灯片后，选择其中一张幻灯片，选择"切换"选项卡，如图2-4-20所示①处。

（2）在"切换到此幻灯片"功能选择切换方式，如图2-4-20所示②处，点开"其他"，会出现如图所示的48种切换方式。每种切换方式均有不同的效果选项，根据需进行相应的设置以达到理想的效果。

（3）选择好切换方式，就可以修改切换效果了（对所选切换变体进行属性的更改，如方向），如图2-4-20所示③处。选择速度（切换的长度），再选择切换时的声音，如图2-4-20所示④处。

（4）设置以后，如果想在所有的幻灯片上使用，点击"应用于所有幻灯片"。如图2-4-20所示⑤处。

图2-4-20 切换

六、动画

设置图片、文字的出现或消失动画。

（1）添加一个动画效果。

方法步骤：

1）打开需要编辑的演示文稿，在幻灯片中选择要设置动画的对象，选择"动画"选项卡，如图2-4-21所示①处。

2）选择一种动画效果，如"擦除"效果，如图2-4-21所示③处。

3）单击"预览"按钮，可以预览动画效果，如图2-4-21所示②处。

4）单击"动画"选项组中的动画效果选项。将动画效果应用于所选对象，如图2-4-21所示④处。

5）选择要应用于所选幻灯片的对象的动画，若要对同一对象添加多个动画，单击"添加动画"，如图2-4-21所示⑤处。

6）可在计时功能区添加动画时间，如图2-4-21所示⑥处。

7）对动画重新排序，可以前向后移动，如图2-4-21所示⑦处。

图2-4-21　设置动画

（2）为同一对象添加多个动画效果。

保持图片或文本的选中状态，在"动画"选项卡的"高级动画"组中单击"添加动画"按钮，选择需要添加的第2个动画效果。保持图片或文本的选中状态，再次单击"添加动画"按钮，选择需要添加的第3个动画效果。或进一步添加多个进入、强调、退出或路径等动画效果。

七、放映

（1）开始放映幻灯片。

包括从头开始、从当前幻灯片开始、联机演示（允许他人在网上看你的幻灯片，如视频会议等）、自定义幻灯片放映，如图2-4-22①～④所示。

1）单击"从当前幻灯片开始"按钮，即可从当前选择的幻灯片开始放映，如图2-4-22所示②处。

2）单击"联机演示"按钮，即允许他人在网上看你的幻灯片，如图2-4-22所示③处。

3）单击"自定义幻灯片放映"按钮，在下拉列表中选择"自定义放映"选项，如图2-4-22所示④处。

图2-4-22　开始放映幻灯片

4）在"自定义放映"对话框中，单击"新建"按钮。

5）在弹出"定义自定义放映"对话框的"幻灯片放映名称"后输入自定义放映名称。选择要放映的幻灯片。在左侧列表框中勾选需要放映的幻灯片，单击中间的"添加"按钮。

6）检查幻灯片。此时选中的幻灯片已添加到右侧列表框中，检查选择是否有误，无误则单击"确定"按钮，如图2-4-23所示。

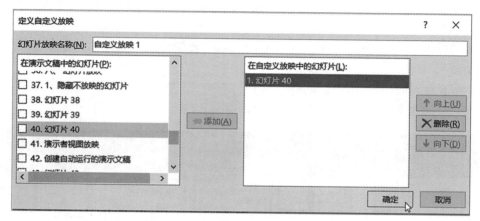

图2-4-23 定义、添加自定义放映

（2）设置。

1）设置放映方式。

在弹出的对话框"设置放映方式"里可以选择放映类型、选项及换片方式等，如图2-4-24所示。

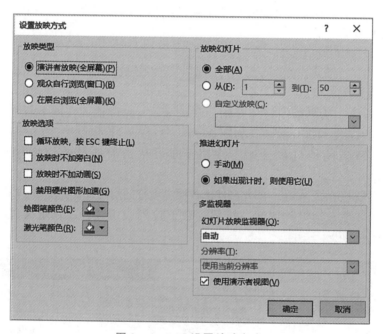

图2-4-24 设置放映方式

2）隐藏幻灯片。

①选择需要隐藏的幻灯片，选择"幻灯片放映"选项卡。

②单击"设置"选项组中的"隐藏幻灯片"按钮即可隐藏该幻灯片。

③被隐藏的幻灯片在其编号的四周出现一个边框，边框中还有一个斜对角线，表示

该幻灯片已经被隐藏，当用户在播放演示文稿时，会自动跳过该张幻灯片而播放下一张幻灯片，如图 2 - 4 - 25 所示。

3）排练计时。

①选择"幻灯片放映"选项卡，单击"设置"选项组中的"排练计时"按钮，将会自动进入放映排练状态。

②其左上角将显示"录制"工具栏，显示预演时间。在放映屏幕中单击鼠标，可以排练下一个动画效果或下一张幻灯片出现的时间，鼠标停留的时间就是下一张幻灯片显示的时间。排练结束后将显示提示对话框，询问是否保留排练的时间。

③单击"是"按钮确认后，此时会在幻灯片浏览视图中每张幻灯片的左下角显示该幻灯片的放映时间，如图 2 - 4 - 26 所示。

图 2 - 4 - 25　隐藏幻灯片

图 2 - 4 - 26　录制、保留排练时间

（3）监视器——演示者视图放映，如图 2 - 4 - 27 所示。

在放映带有演讲者备注的演示文稿时，可使用演示者视图进行放映，演示者可在一台计算机上查看带有演讲者备注的演示文稿，而观众可在其他监视器上观看不带备注的演示文稿，演讲者不用花太多时间背稿。如果只有一个监视器，可以使用 Alt+F5 尝试演示者视图。

图 2 - 4 - 27　监视器

八、审阅

选择"审阅"选项卡，单击相关按钮，可进行拼写检查、智能查找、翻译、繁体简体转换等。

1. 拼写检查

选择"审阅"选项卡，在"校对"功能区中选择"拼写检查"。拼写检查主要应用于英文写作，按下拼音检查显示的几乎都是红色，红色说明是错的，在对话框下面有可供选择的词汇，只要选用代替的词汇点"更改"，红色就消失了。这个之所以全显示红色或许是因为没有进行排版。如果觉得原来的词汇没有错，可能是软件错了，可以直接点"忽略"就可以了。

2. 简繁转换

在简繁转换时要注意的是同类型名词的转换会有点区别，在文档编辑时要注意选择，如图 2 - 4 - 28 所示。

3. 批注

（1）插入批注。

我们在阅读时可以进行批注，如果单张幻灯片的空间不够，这时也可以借批注进行备注。PPT 批注和 WORD 批注不同的地方是 PPT 需要复制所需注释的词汇。在写批注时要双击批注才能输入信息，然后把批注隐藏起来，这样可以扩大单张幻灯片的空间，还可以起点缀作用。

（2）删除批注。

删除批注的方法比较多。一是可以直接点删除批注。二是点鼠标右键出现的对话框选择删除。三是点击右侧批注的"×"，

（3）比较。

可以比较某一 PPT 文档与当前文档不同的地方，并提供修改选项，这一功能通常是在某一文档被其他人或自己修改过，出现了 2 个或 2 个以上不同版本的文档，想知道具体修改了哪些地方的时候使用。

（4）墨迹。

在"批注"功能区中可对要修改的文字等添加批注，便于他人了解修改意见。利用墨迹书写，鼠标将变为细毛笔，可选择不同书写笔迹，直接在 PPT 上画图，完毕后点击停止，如图 2 - 4 - 29 所示。

图 2 - 4 - 28　简繁转换

图 2 - 4 - 29　墨迹书写

九、视图

选择 PPT 的不同视图，方便进行修改或直观了解。

1.普通视图：一般 PPT 制作或修改

普通视图 ⊞ 是 PowerPoint 2016 的默认视图模式，共包含大纲窗格、幻灯片窗格和备注窗格三种窗格。这些窗格让用户可以在同一位置使用演示文稿的各种特征。拖动窗格边框可调整不同窗格的大小。

在大纲窗格中，可以键入演示文稿中的所有文本，然后重新排列项目符号点、段落和幻灯片；在幻灯片窗格中，可以查看每张幻灯片中的文本外观，还可以在单张幻灯片中添加图形、影片和声音，并创建超级链接以及向其中添加动画；在备注窗格中，用户可以添加与观众共享的演说者备注或信息。普通视图状态如图 2-4-47 所示。

2.大纲视图：显示 PPT 的大纲

大纲视图 ⊟ 含有大纲窗格、幻灯片缩略图窗格和幻灯片备注页窗格。在大纲窗格中显示演示文稿的文本内容和组织结构，不显示图形、图像、图表等对象。

在大纲视图下编辑演示文稿，可以调整各幻灯片的前后顺序；在一张幻灯片内可以调整标题的层次级别和前后次序；可以将某幻灯片的文本复制或移动到其他幻灯片中。

3.幻灯片浏览：缩小的 PPT 视图

在幻灯片浏览视图 ⊞ 中，可以在屏幕上同时看到演示文稿中的所有幻灯片，这些幻灯片是以缩略图方式整齐地显示在同一窗口中。

在该视图中可以看到改变幻灯片的背景设计、配色方案或更换模板后文稿发生的整体变化，可以检查各个幻灯片是否前后协调、图标的位置是否合适等问题；同时在该视图中也可以很容易地在幻灯片之间添加、删除和移动幻灯片的前后顺序以及选择幻灯片之间的动画切换。

4.备注页视图

备注页视图 ▣ 主要用于为演示文稿中的幻灯片添加备注内容或对备注内容进行编辑修改，在该视图模式下无法对幻灯片的内容进行编辑。

切换到备注页视图后，页面上方显示当前幻灯片的内容缩览图，下方显示备注内容占位符。单击该占位符，向占位符中输入内容，即可为幻灯片添加备注内容。

5.阅读视图

在创建演示文稿的任何时候，用户可以通过单击"幻灯片放映"按钮启动幻灯片放映和预览演示文稿。

阅读视图 ▣ 在幻灯片放映视图中并不是显示单个的静止画面，而是以动态的形式显示演示文稿中各个幻灯片。阅读视图是演示文稿的最后效果，所以当演示文稿创建到一个段落时，可以利用该视图来检查，从而可以对不满意的地方进行及时修改。

十、绘图工具之格式——合并形状

学会 PPT 自带的"合并形状"功能，可以提升 PPT 的设计排版能力，同时也可以提升设计 PPT 的速度与效率。合并形状，用于反映两个部分之间的不同关系，形状合并功能分别有：剪除、相交、联合、组合。

方法步骤：

（1）形状合并之"相交"，这个功能对选择对象的顺序有要求，如图 2 - 4 - 30 左图所示。

情况 1，先选择蓝色的圆，后选择橘色的圆，最后得到蓝色的花瓣。

情况 2，先选择橘色的圆，后选择蓝色的圆，最后得到橘色的花瓣。

即，这种功能保留的是第一选择的形状特性。

（2）形状合并之"剪除"，这个功能对选择对象的顺序有要求，如图 2 - 4 - 30 右图所示。

情况 1，先选择蓝色的圆，后选择橘色的圆，最后得到蓝色的月牙。

情况 2，先选择橘色的圆，后选择蓝色的圆，最后得到橘色的月牙。

这种功能保留的是第一选择的形状特性。

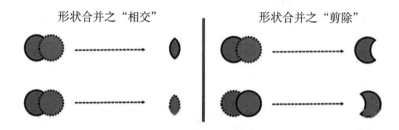

图 2 - 4 - 30　形状合并之"相交""剪除"

（3）形状合并之"结合"，这个功能对选择对象的顺序有要求，如图 2 - 4 - 31 左图所示。

情况 1，先选择蓝色的圆，后选择橘色的圆，最后得到蓝色的形状。

情况 2，先选择橘色的圆，后选择蓝色的圆，最后得到橘色的形状。

这种功能保留的是第一选择的形状特性。

（4）形状合并之"组合"，这个功能对选择对象的顺序有要求，如图 2 - 4 - 31 右图所示。

情况 1，先选择蓝色的圆，后选择橘色的圆，最后得到蓝色的形状。

情况 2，先选择橘色的圆，后选择蓝色的圆，最后得到橘色的形状。

这种功能保留的是第一选择的形状特性。

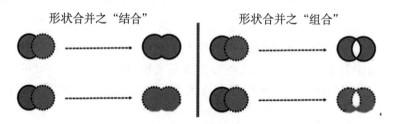

图 2 - 4 - 31　形状合并之"结合""组合"

注意：形状联合与组合的差异在于重叠部区域的颜色情况。

（5）举例：

情况 1：半圆与大括号之间剪除，可以得到金鱼的尾巴。

情况 2：图片与心形之间取相交，可以得到心形的图片，如图 2 - 4 - 32 所示。

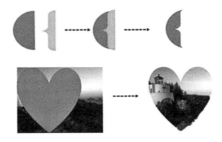

图 2 - 4 - 32   形状合并之运用

常用应用软件

软件（Software）是一系列按照特定顺序组织的计算机数据和指令的集合。

应用软件（Application）是和系统软件相对应的，是用户可以使用的各种程序设计语言，以及用各种程序设计语言编制的应用程序的集合，分为应用软件包和用户程序。应用软件包是利用计算机解决某类问题而设计的程序的集合，多供用户使用。

日常办公用 Office、WINRAR、PDF 阅读器等；看图软件如 ACDSEE、光影看图、picasa 等；娱乐型听歌如 WINAMP、千千静听等；看电影如 WMP、V9、暴风影音等；下载如网络蚂蚁、网际快车、QQ 的超级旋风、电驴、BT、迅雷、FLASHGET 等；杀毒软件、优化类软件如超级兔子、优化大师等；上网页的如 MAXTHON、OPERA 等；自己喜欢一些的输入法等；QQ、微信、抖音、快手 MSN 等聊天的；QQLIVE 等网络电视，皆是应用软件。下面介绍两款常用软件。

一、电子邮件

1. 简介

电子邮件（E-mail）是一种通过 Internet 进行信息交换的通信方式，这些信息（电子邮件）可以是文字、图像、声音等各种形式，用户可以用非常低廉的价格，以非常快速的方式与世界上任何一个角落的网络用户联系。正是由于电子邮件的使用简易、投递迅速、收费低廉（很多免费），易于保存，全球畅通无阻，使得电子邮件被广泛应用，它使人们的交流方式得到了极大的改变。另外，电子邮件还可以进行一对多的邮件传递，即同一邮件可以一次发送给许多人，极大地满足了大量存在的人与人通信的需求。

2. 申请和使用邮箱

（1）邮箱简介。

利用搜索引擎，如在"百度"中输入需要查找的内容"免费邮箱"，提供免费邮箱的网站很多，常见的有 email.163.com 或 mail.126.com（网易）、mail.qq.com（腾讯）、mail.sina.com（新浪）、mail.tom.com 等。在搜索出的网站中选择自己喜欢的网站，如网易 163 邮箱，是中国第一大电子邮件服务商。

电子邮件的特点：迅捷、经济、灵活、可靠、功能多样。

（2）注册邮箱。

在网易 163 邮箱页面中单击"注册新账号"按钮进行注册，在邮箱注册界面先填写邮箱地址，网站会判断输入的用户名是否可用，用户名必须是该网站邮箱中唯一的。然后填写密码和手机号等信息。勾选"同意《隐私政策》《服务条款》和《儿童隐私政策》"，点击"立即注册"即可。需要记牢你的用户名和密码。

二、腾讯 QQ

腾讯的新功能很多，在线文档编辑，实时保存、将文档分享给好友、与好友共同编辑、文件互传、支持会议邀请的日程功能、无处不在的收藏功能。除此之外，不仅能直接和 QQ 好友通话，还开通了手机通讯录导入路径，可以多种方式选择电话沟通。

腾讯 QQ 具有截图功能，尤其是长截图、屏幕识别、屏幕录制，如图 2-5-1 截图功能所示。

图 2-5-1　截图功能

1. 长截图

方法步骤：

（1）在想要截图的界面，按 Ctrl+Alt+A，出现选择区域，鼠标箭头变成彩色。

（2）点击浮现在右侧的小箭头，然后点击截图选项，就会看到界面有灰白两部分，只要你点击聊天消息就会扩大截图区域。

（3）可以点击隐藏昵称。

点击完成按钮就可以进行保存或者发送，就得到长截图的内容了。以上方法步骤如图 2-5-2 所示。

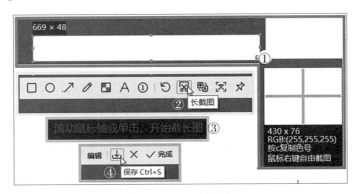

图 2-5-2　长截图

2. 屏幕识图

QQ 带上屏幕文字识别功能，可以帮助用户提取屏幕（图片）中的文字。按下屏幕识图的快捷键（Ctrl+Alt+O），然后像截图操作那样框选需要识别文字的区域，屏幕识图功能就会自动帮助用户提取所选区域的文字内容。成功识别后可进行文字编辑、存储到腾讯文档、复制及下载操作，如图 2-5-3 所示。

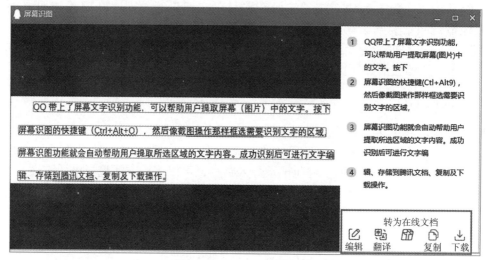

图 2-5-3　QQ 屏幕识图

3. 屏幕录制

　　QQ 中可以进行屏幕录制操作，按下快捷键（Ctrl+Alt+S）就会出现录制选项，用户可以自由框选需要录制的屏幕区域，也可快捷选择需要录制的窗口，然后就可以开始屏幕录制操作。

三、 钉钉

　　现在各个公司对于办公智能化都提出了很高的要求，既要求功能齐全，又要求安全可靠，还要预留自己公司对于软件添加和开发的空间。钉钉就是一款能满足各种需求的办公软件，既是一个内部交流平台，又能搭载众多的办公软件和工作平台，下面简单介绍钉钉的部分使用功能和方法。

　　方法步骤：

　　（1）首先需要下载钉钉软件，可通过手机或电脑下载，这款软件是免费的，下载后安装即可。

　　（2）公司会根据你的个人信息对你的手机号进行认证，这样你在登录后就直接显示为某公司的员工。

　　（3）没有使用过钉钉的用户需要进行注册，注册方法很简单，只需要手机验证即可。

　　（4）办公的话使用电脑版比较多。我们看到程序最左边的几个功能按钮，第一个就是消息按钮，这里显示历史的对话框和正在进行的对话框。

　　（5）看到下面有个钉盘的按钮，这里显示最近消息中的文件记录和公司及个人的文件存储。

　　（6）下方的工作按钮，里面的功能比较多且复杂，每个公司的内容各不相同，比较实用的有审批、日志、考勤打卡等，有些公司还会开发一些软件加以关联，如图 2-5-4 所示。

图 2 - 5 - 4　工作台

钉钉的功能是比较强大的，因为个人熟悉程度和使用差异的原因，这里只做简单介绍。

四、抖音

2019 年春节过后，抖音成为最火的短视频投放平台。据"极光"大数据显示，每100 台活跃终端中，有超过 14 台安装有抖音。

虽然每一条抖音只有 15 秒，但用户每天在抖音上消耗的平均时长达到 20.27 分钟，重度用户甚至经常泡在抖音。抖音无疑已成为一个巨大的流量入口平台，成为流量的又一高效渠道。

几分钟看完一部电影，既能知道这部电影的主要内容和精彩部分，跳过很多无效化内容，节约了很多时间，还能了解很多优美的、有内涵的、震撼人心的台词。或喜欢看评论区，多方面理解事物，或直播教学，受益匪浅。

抖音最大的好处是严格把关，一些敏感、暴力的词语视频中不容许出现，否则关小黑屋或禁播。

任务 2　医学生必备软件

推荐几款好用的医学类软件 App，有了这些，学医的同学生们会感到枯燥繁杂的医学知识变得简单有趣了许多！

一、医学导航

医学导航是一个专门为医学生做的最全最专业的导航网站，里面收录了几乎所有与医学有关的网站,而且分类十分详细,如图 2-5-5 所示包括了各国医学机构网站、学术网站、求职网站、各类医学资源网站等类型。此外还按照疾病类型分成许多部分,不可错过。

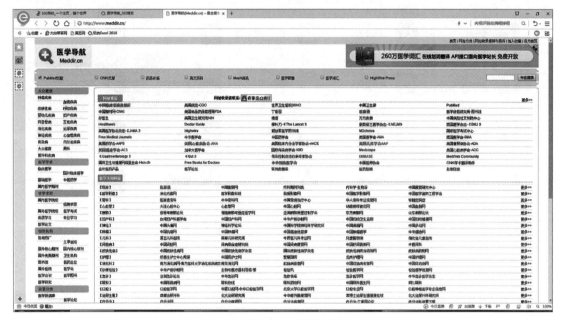

图 2-5-5　医学导航

二、医学百科

医学百科是一款全面的中医类软件。百科内容主要分为医学、药学和生命科学知识三部分,内含中医、中药、方剂、针灸、穴位、西医、西药、各科疾病、手术、生物学、化学等内容,收录了超过 15 万词条,其中包括方剂、中药、中成药、西药、手术、临床路径等方面,十分的全面,有不懂的相关专业词条一搜就出,如图 2-5-6 所示。

App 还拥有各种常用到的医学计算工具和健康测试工具。中医词条全面详细是软件最大的特色。

三、默沙东诊疗手册

默沙东诊疗手册是全世界使用最广泛的医学信息资源之一,它属于公益非营利项目,分为专业版和大众版,如图 2-5-7 所示。

手册上的医学信息都由相关专家撰写并长期更新,保证信息的权威。里面含有数千种疾病和病症的照片和插图,方便每个人的理解。手册还详述了内科、儿科等许多科目的疾病信息,对每一种症状可能的原因以及可能导致的疾病和治疗方案都做了详细说明。

软件还对一些常遇到的紧急情况提供了详细的急救方案,在动画与视频处提供了一些专业视频。需要注意的是,专业版加载后需要下载一个包,里面是专业的医学知识。

图 2 - 5 - 6　医学百科

图 2 - 5 - 7　默沙东诊疗手册

四、医口袋

医口袋是手机里的医学图书馆，有着许多专业文献和电子图书，以及国内外的医学期刊，如图 2 - 5 - 8 所示。你可以直接查询某种药物，它会给出全方位的用药参考。更重要的是，你可以直接搜索到各个科目的相关书籍，包括各版本教材和专业书籍，并下载到本地观看。这里收集了一些教材电子版，排版精致，目录齐全：内科学；外科学；

妇产科学；药理学；诊断学；生理学；神经病学。

图 2-5-8　医口袋

五、临床指南

临床指南是一款提供医学期刊、医学文献、临床指南、临床指南解读、临床指南翻译检索、下载及阅读的医生在线医疗指南工具，如图 2-5-9 所示。医学文献一站式检索服务，免去到知网、万方、pubmed 检索的烦琐。可按科室、疾病检索，下载和阅读临床指南，提供最新的医学信息。不过有些内容需要会员才能使用。

图 2-5-9　临床指南

六、人卫教学助手

人卫教学助手官方版是一款界面直观、功能出众、专业实用的全新教学平台，如图 2 - 5 - 10 所示。人卫教学助手官方版除了支持在线做题外，还可以在线听课，提高自高的专业知识水平，还能够查找需要的书籍。人卫教学助手可以满足用户的众多不同需求，可以说是一款十分方便的医护学习交流平台。

七、医库

医库名副其实，是医学生的知识库，如图 2 - 5 - 11 所示。里面含有的医学题库涵盖执业医师考试、药师、护士、主治医考等全部医考类型，聚集了海量真题和解析。互动式 3D 图谱，详细的视频动画，临床影像等都让人能直观全面地学习人体医学知识。

软件特点是题目种类和数量足够多，而且里面的视频课和临床病历都是免费观看的。

图 2 - 5 - 10 人卫教学助手

图 2 - 5 - 11 医库

八、人体解剖学图谱（2021 版，包含四个 App）

人体解剖学图谱主要内容为 3D 解剖模型，视觉实验室体验，如图 2 - 5 - 12 所示。

软件本身大部分内容需要付费。针对付费数据包，可以免费解锁付费部分，一定要查看安装说明。

九、医学图谱王

里面的内容全部免费，这是它对比其他软件最优秀的地方。3D 解剖图谱提供男女两套三维人体解剖模型，以及部位分解三维人体解剖图，包括完整的解剖学数据，以及人体所有的解剖系统，360 度任意翻转，实现人体逐层解剖，如图 2-5-13 所示。

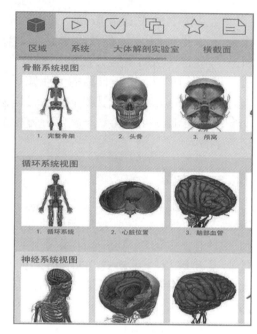

它还提供了心电图及各种情况的详细说明，心电图相关疾病概述结合该类疾病的具体病例分析。提供了包括人体十二经脉、奇经八脉以及经外奇穴三大经络腧穴系统，每个经脉系统又包括该经脉整体的循行路线、分寸歌诀以及该经脉下的所有穴位。更有系统解剖及局部解剖平面图、高清三维动画手术视频、三维动态肌肉运动展示，以及解剖图谱测验等功能。

图 2-5-12　人体解剖学图谱

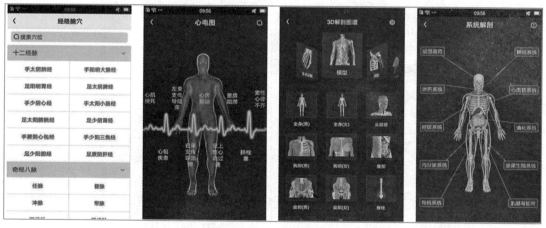

图 2-5-13　医学图谱王

十、3D body

内容为免费三维人体解剖信息，包括中医穴位，如图 2-5-14 所示。免费模块包括人体十二大解剖系统和穴位，比如骨骼、肌肉、心脏脑部等。同时提供一些付费模块，比如运动功能解剖，肌肉动作动画等，也含有一些医学课程。

十一、思维导图

思维导图是知识整理、提高学习效率的好帮手，如图 2-5-15 所示。

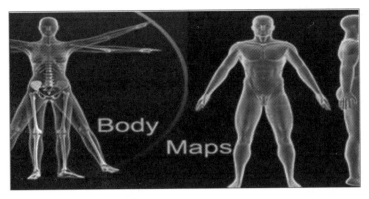

图 2 - 5 - 14　3D body

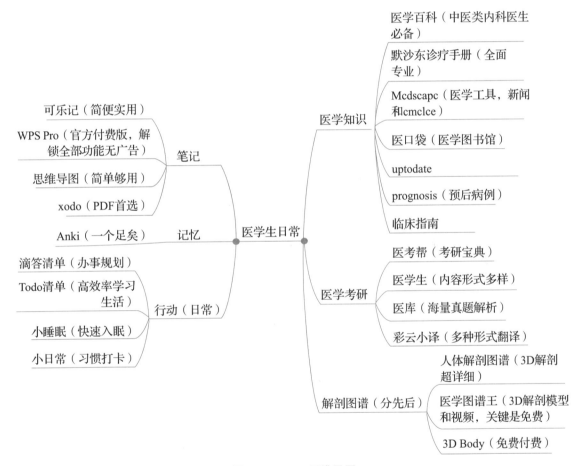

图 2 - 5 - 15　思维导图

幕布和 Xmind 都是其中的佼佼者，而且幕布还有各种各样的活动可以获得高级版。

十二、卡片记忆神器——Anki

医科大概是要记最多东西的专业。在这里，推荐一款卡片记忆神器——Anki，不只是医学，其他的许多内容，如英语、历史、公式原理等都可以用 Anki 记忆达到事半功倍。简单来说，几乎任何需要按照一定的时间规律复习记忆的任务，都可以用它来完成。

Anki 最主要的功能就是制作属于你的卡片和按一定的规律把卡片拿出来给你复习。它以一种最为高效的方法帮助我们排列学习的次序，把你迫切需要学习的东西放在前面。如果你不熟悉这块知识，Anki 会一遍又一遍地呈现给你，直到你记住为止。

但想要掌握它的使用还是需要一定时间，不适合临时来用，可以从一开始就使用，牌组可以重复使用。针对其他具体领域，还衍生出了一系列产品。Anki 如图 2-5-16 所示。

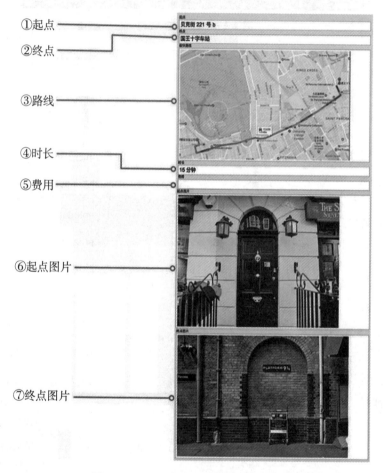

①起点
②终点
③路线
④时长
⑤费用
⑥起点图片
⑦终点图片

图 2-5-16　卡片记忆神器——Anki

十三、丁香客

丁香客是丁香园旗下的一款产品，如图 2-5-17 所示。丁香园是面向医生这个群体的网站，据说有 270 万医生会员（占中国医生数量一半以上），其中超过 70% 的会员拥有硕士或博士学位，是中国医学网站与论坛的"老大"。丁香客可以查看动态、发布观点、上传图片、浏览文章、发布信息，是为医生群体提供专业知识交流的社交工具，适合医生及在校医学生使用。

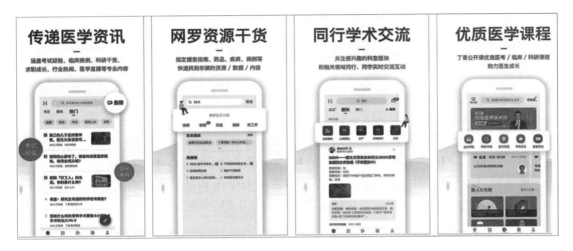

图 2 - 5 - 17　丁香客

十四、医维度

医维度人体解剖 App，这个软件是一个提供三维画面人体解剖模型的免费软件，主要为医学生以及专业的医疗人士提供帮助，通过医维度人体解剖 App，你可以清晰地看到各种人体解剖动画，灵活控制 3D 模型，可以 360 度任意角度旋转、放大缩小察看，随时显示、隐藏、透明处理人体结构的任意一部分，如图 2 - 5 - 18 所示。这一款 App 可以将烦琐的解剖学内容立体呈现，细致而准确，被称作最好的解剖学 App，可谓是学习解剖的神兵利器。

图 2 - 5 - 18　医维度

十五、用药助手

用药助手是医药工作者人手必备软件，为专业用户打造的权威药物参考工具，如图 2 - 5 - 19 所示。其由国内规模最大的医药专业网站丁香园团队研发，收录了上万种药品说明书，上千种临床用药指南，以及实用的临床路径、医学计算、相互作用查询等功能，数据权威可靠，并持续更新中。应用旨在为临床医生、药师、护士及医疗人员提供便捷的药物信息查询工具，并根据临床医生实际工作流程进行优化设计，以满足医务工作者随时随地查询药物说明书信息的需求。

十六、杏树林医学文献

杏树林医学文献是国内首个个性化的医学专业文献手机应用，如图 2-5-20 所示。它囊括全球影响力最高的 50 多本医学杂志，包括新英格兰医学杂志（NEJM）、美国医学会杂志（JAMA）、柳叶刀杂志（Lancet）、英国医学杂志（BMJ）和中华医学会各科杂志等，覆盖超过 20 个专科。它对医务工作者及在校医学生的学习和科研有着巨大的帮助。（阅读专业论文对医学英语的要求非常高，所以医学生们一定要好好学习专业英语）。

图 2-5-19　用药助手

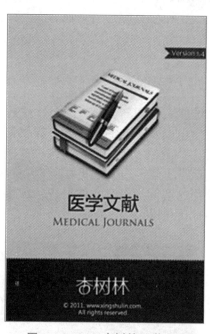

图 2-5-20　杏树林医学文献

十七、医景 Medscape

Medscape 是美国医疗健康服务网站 WebMD 旗下医景网的一款 App，其内容包括新闻资讯、药物配伍禁忌、治疗指南、医学计算器、医学培训等方面，如图 2-5-21 所示。Medscape 是互联网上最大的免费提供临床医学全文文献和继续医学教育资源（CME）的网点。

数据库 App，PubMed 提供生物医学方面的论文搜寻以及摘要，其数据库来源包括MEDLINE、OLDMEDLINE、Record in process、Record supplied by publisher，核心主题为医学，亦包括其他与医学相关的领域，例如护理学等，是进行生物医学研究的必备神器！

医学影像学 App，内容丰富，每张片子都有标注讲解，简单易懂（当然，你要能看懂这些专业的医学英语）。

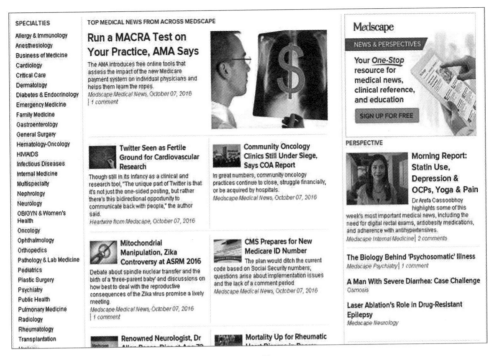

图 2 - 5 - 21　医景 Medscape

　　除了这些，还有很多非常好的医学 App，例如医学时间、全科医生、PCI 病例荟、骨科时间、AO surgery、plos reader，等等。很多医学 App 都是全英文的，因此一款电子词典 App 也是必不可少的（当然，最好能精通医学英语）。

　　但愿世间人无病，何愁架上药生尘！以此与大家共勉，让我们一起为了这个伟大的理想努力吧！

模块 3

医学信息化

医院信息系统简介

一、研究背景

以前，我国绝大多数医院的门诊流程是：人工进行挂号－候诊－就诊－划价－缴费－候检－检查－再就诊－再划价－再缴费－取药－治疗－离院的循环模式。门诊是"五多一短"，即患者集中多，诊疗环节多，人群杂，病种多，应急变化多，医生变换多，诊疗时间短。普遍存在"三长一短"现象，形成挂号、就诊、检查的 3 个高峰，大部分时间均耗费在等候和排队上，导致诊疗效率低下以及患者的不满。为解决这些矛盾，各大医院都在研究对策。经过大量资料的查阅，各医院虽然采取了一系列的措施，但对门诊流程整体再造仍然缺乏相应的技术措施与技术手段，国内外类似该研究的系统大多功能不完善，无法实现系统的无缝连接，达不到整体门诊流程的智能化。

二、研究内容

通过研发集挂号、分诊、诊疗、检查、取药、查询为一体的门诊"一卡通"系统，对现有医疗流程进行重组再造，实现计算机辅助服务和管理，达到信息传输网络化、就诊检查无纸化、刷卡缴费自动化，最大限度地缩短患者就诊等候时间。系统能够完整保留患者历次就诊的门诊病历、检查报告等全部诊疗信息，为综合治疗提供参考。大量采用功能化模块，点击鼠标就能自动生成各种检查单和化验单，实现无缝连接，与检验、影像传输 PACS 系统对接，实现实时传输，提高医疗质量和工作效率。

三、技术路线

设计包括门诊收费管理、门诊医生工作站、门诊药房摆药、门诊分诊排队叫号、门诊检查分诊排队叫号、门诊检验条码打印、门诊检查刷卡收费、门诊导医、短信平台发送、门诊网上预约挂号、门诊体检、门诊自助服务等模块。系统能够完整保留患者历次就诊的门诊病历、检查报告等全部诊疗信息，为综合治疗提供参考。大量采用功能化模块，点击鼠标就能自动生成各种检查单和化验单，实现无缝连接，与检验、影像传输 PACS 系统对接，实现实时传输，提高医疗质量和工作效率。"一卡通"门诊流程子模块如图 3 - 1 - 1 所示。

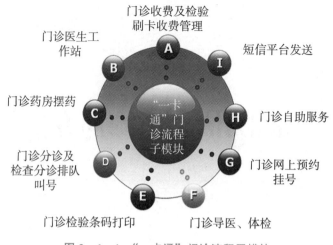

图 3-1-1　"一卡通"门诊流程子模块

　　门诊"一卡通"包括预交金卡管理子系统、门诊医生工作站子系统、诊疗项目费用查询与确认子系统、门诊药局后台摆药、处方确认子系统、分诊叫号和门诊自助服务等子系统。该系统服务于门急诊医务人员的日常工作，减轻工作量，规范门急诊医疗文书，实现门急诊病历电子化，优化工作流程，最大程度地缩短病人就诊等候时间，提高医疗质量和工作效率。

　　该系统通过给就诊病人办卡（包含病人基本信息的磁卡或 IC 卡）和建立预交金形式，将持卡人的基本信息和预交金信息加载在 IC 卡或磁卡上，实现就诊卡的管理、查询等功能。使持卡人在医院从挂号、缴费、就诊、检查、检验、治疗、取药、查询等都能一卡通行，其工作流程如图 3-1-2 所示。

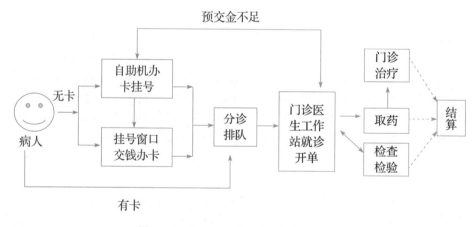

图 3-1-2　门诊"一卡通"工作流程

四、主要创新点

　　（1）实行门诊"一卡通"，优化门诊流程。"一张卡"服务，减少了患者排队的时间，尤其是大大缩短了患者交费的时间，减少了"三长一短"现象，如图 3-1-3 所示。现如今已经使用二维码健康卡。

图 3 - 1 - 3   门诊一卡通

（2）实施门诊医生工作站子系统，将病人在院期间的所有诊疗信息电子化，适应卫生经济管理的各种需要，提供各种方便高效的信息录入手段，让医生集中精力于患者的治疗过程，更好地为患者服务。

（3）使用排队叫号子系统，保证预约、挂号、门诊、叫号等系统之间良好的协同性，使患者排队自动化、公平化、公开化、柔性化，体现了军人优先就诊，缩短了等待时间，提高了患者满意度。现如今可以在手机上提前预约，避免了排队。

（4）门诊导医子系统，包括检验自助打印、患者自主挂号、费用查询、医院各类信息查询等，多样化接诊方式的实施，缓解了就诊排队的压力，如图 3 - 1 - 4 所示。实施短信平台系统。挂号信息、检查结果、检验结果和出院随访信息在第一时间自动发送到患者手机，极大地方便了患者。

图 3 - 1 - 4   门诊导医子系统

五、优化的病人就诊流程

系统以"服务病人"为中心，通过流程重组和再造，优化了医院传统管理流程和就医模式，使医院更加体现出人性化的医疗服务意识。通过建立一卡通（银医通）和自助服务系统，大大简化了就诊流程，最大限度地节省患者的就诊时间和精力。在整个就诊过程中患者可持就诊卡方便地在挂号、就诊、缴费、检查、体检、取药、治疗等环节使用，并能在自助服务终端实现预约挂号、自助查询、自助缴费等操作。同时也方便医生快速、全面掌握患者的病例资料，提高诊疗质量。该模式极大地改变了传统的医院就诊流程，为研究解决医院"三长一短"传统弊病提供了理论参考和实践验证，为解决看病难等顽症提供了较为理想的途径。

六、以临床信息处理为主线系统设计

系统覆盖整个临床医疗活动的各个方面，需要整合医院的多个临床系统数据。涉及患者整个诊疗过程，包括门诊、住院、临床实验室、辅助医技科室、专科特色诊断和治疗、临床科研和教学等临床业务。系统能够全面收集病人的临床数据，方便医护人员查阅、使用。系统为每一位病人建立有完整的病历资料库，涵盖病史、检查结果、检验结果、诊断和治疗的全过程，能展示病人的病情全貌及演变过程，使整个诊疗过程系统化、个体化。

七、全面的医院运营管理

全面的医院运营管理将财务、临床、药品、供应链、行政、运营、服务等各子系统进行整合，在信息岛间建立数据通信管道，实现系统之间数据共享如图 3-1-5 所示。同时成本核算、绩效考核系统提高医院的医疗服务水平和医疗资源的合理配置，有效利用人力、物力、财力等资源，提高效率，是医院主动适应市场经济并不断发展完善的重要措施。

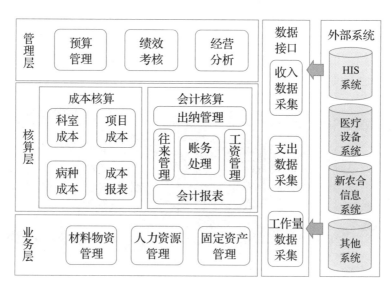

图 3-1-5　医院运营管理

八、完善的质量管理体系

（1）医院感染监控管理：提高医院感染质量管理与控制水平。
（2）不良事件报告管理：帮助医院发现安全系统存在的不足，提高医院系统安全水平，促进医院及时发现事故隐患，不断提高对错误的识别能力。

（3）传染病监控管理：提高传染病上报卡的数据完整率，很好地防止了漏报、迟报现象发生。

（4）抗菌药物监控：提高了对细菌感染性疾病的治疗水平，保障病人用药安全，降低细菌耐药性，提高医疗质量，降低医疗成本。

（5）处方审查与点评：为规范电子处方使用，提高医院处方合格率，指导临床合理用药，为患者提供安全、经济、高效的药学服务。

（6）单病种质量管控：提高医疗质量，保障医疗安全，控制医疗成本，提高病人满意度。

九、先进的公共服务系统

公众服务系统是服务于医患的健康医学服务平台，它通过电话、短 / 彩信、微信等网络即时通信等技术手段，多维一体服务于医院和患者，为医院内部管理、外部沟通和医患信息实时交换及远程医疗提供全方位的服务，如图 3-1-6 所示。

图 3-1-6　公众服务系统

十、全面的外部系统接口

业务系统与外延系统间接口融合性高，接口系统充分利用业务数据资源与众多外部接口进行无缝连接，如：医保系统接口、新农合接口、药品监管接口、病案统计接口、医疗统计数据上报接口等，如图 3-1-7 所示。相关的报表及上报数据自动生成，提高了工作效率，保证了数据的准确、真实性。

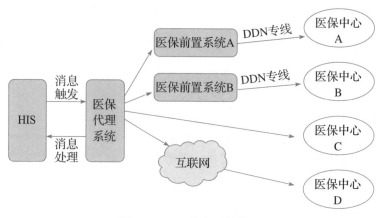

图 3-1-7　外部系统接口

十一、良好的规范性和政策适应性

系统设计遵循国际国内标准，包括原卫生部 2002 年版《医院信息系统基本功能规范》、原卫生部《（2003-2010 年）全国卫生信息化发展规划纲要》、国家中医药管理局《中医医院信息化建设基本规范》、卫健委与财务部共同发布的新《医院财务管理制度》的规范与要求。数据交换遵循：ICD-10、ASTM、HL7、LOINC、SNOMED 等国际、国内相关标准。

医学信息化系统（根据不同专业进行选修）

任务 1 医院信息化系统的发展历史

一、医院信息化系统简介

医院信息系统（hospital information system，HIS）是医学信息学（medical informatics，MI）的重要组成部分，同时也是信息技术十分重要的应用领域。在全世界范围内，已经形成了一个专门的、不可忽视的卫生信息化产业（Health Information Technology Industry，HIT Industry）。美国该领域的著名教授 Morris Collen 于 1988 年曾撰文为医院信息系统下了如下定义：利用电子计算机和通信设备，为医院所属各部门提供病人诊疗信息和行政管理信息的收集、存储、处理、提取和数据交换，为医院所属各部门提供信息服务，并满足所有授权用户的功能需求。

一个完整的医院信息化系统（integrated hospital information system，IHIS）应该包括医院管理信息系统和临床医疗信息系统。医院信息化系统的基本框架模式是采用计算机与网络通信设备，把医院的医疗信息、业务信息进行管理，进而在有条件的情况下，开发管理决策支持和医疗决策支持系统，帮助医院管理者和医务人员做出决策咨询。医院信息系统基本实现了对医院各个部门的信息收集、传输、加工、保存和维护，可以对大量的医院业务层的工作信息进行有效的处理，完成日常基本的医疗信息、经济信息和物资信息的统计和分析，并能够提供迅速变化的信息，为医院管理层提供及时的辅助决策信息。医院信息系统的运用是医院科学管理和医疗服务现代化的重要标志。

二、我国医院信息化发展阶段

我国医院信息化经过近 30 年的发展，大体经历了 4 个阶段。

（一）单机单用户应用阶段

始于 20 世纪 70—80 年代初，这一阶段开始时以小型机为主，采用分时终端方式，当时只有少数几家大型的综合医院和教学医院拥有。80 年代初期，随着苹果 PC 机的出现和 BASIC 语言的普及，一些医院开始开发一些小型的管理软件，如工资软件、门诊收费、住院病人费用管理、药库管理等，这一应用阶段的工作异常艰苦，在技术上，能在屏幕显示汉字也是非常困难的事情。

（二）部门级系统应用阶段

20世纪80年代中期，随着XT286的出现和国产化，以及DBASEIII和UNIX网络操作系统的出现，一些医院开始建立小型的局域网络，并开发出基于部门管理的小型网络管理系统，如住院管理，药房管理、门诊计价及收费发药系统等。

（三）全院级系统应用阶段

进入20世纪90年代，快速以太网和大型关系型数据库日益盛行，完整的网络化医院管理系统的实现已经成为可能，于是一些有计算机技术力量的医院开始开发适合自己医院的医院管理系统。一些计算机公司也不失时机加入进来开发HIS。这一阶段的HIS在设计理念上强调以病人为中心，在实现上注重以医疗、经济和物资三条线贯穿整个系统，在应用面上坚持管理系统和临床系统并重，力争覆盖医院各个部门。这一阶段，开发出了全院数据充分共享的门诊、住院、药品、卫生经济、物资、固定资产、LIS、PACS等系统。

（四）区域医疗探索阶段

近几年，国内一些地方卫生局、一些大医院和一些有实力的机构（例如：医管局）开始探索区域医疗信息化，力图在一定区域内实现医疗机构间医疗信息的交换和共享。要实现这一目标，首先要建立跨医院的信息交换平台，在此平台上，才能开发化验检查结果共享、远程医疗、双向转诊、分级医疗协同、人才培养、信息发布等应用。医院信息系统在我国起步较晚，但发展很快，特别是近几年，随着医院医疗体制改革的不断深入，医院之间竞争意识的进一步增强，以病人为中心，提高医院的管理水平和服务质量，成为促使医院加快建设和开发HIS的强大推动力。

三、医疗卫生信息化发展过程中的标志性"事件"

中国过去30年医疗卫生信息化发展过程中，具有深刻影响医疗生态变化与政策指向的标志性"事件"有以下几个。

（一）1998年底启动的医疗保险是对医疗卫生信息化影响最深刻的"政策事件"

尽管医疗保险开始时仅能覆盖20%左右的人群，只包括城镇企事业单位职工，不包括公务员、家属、儿童和农民。但为了能获得医疗保险（医保）补偿（报销），医疗机构向医保机构报送电子化的医疗费用报销申请单是必需的，成了任何医疗单位进入医保体系的准入条件之一。即使是在偏远、贫困地区的县医院也必定有用于病人账单处理（Bill Accounting）的计算机系统。

（二）卫生管理部门强调病人的知情权

许多城市的卫生局下文要求医院要能为住院病人提供医疗服务项目与收费的日清单，这直接刺激了医院护士/医生工作站的研发、市场与实施。

（三）2004年的SARS暴发

SARS暴发导致一个全国性突发的严重公共卫生事件，其直接后果是公共卫生信息化投入的跳跃式增长，世界规模最大的传染病直报网络系统的建设与成功运行和各省市突发公共卫生应急系统的建设。

（四）2009年正式启动的新一轮医疗改革

新一轮医疗改革正在引导我国医疗体制与医疗卫生保健服务发生深刻的变革，也成为医疗卫生信息化爆破性增长的引信。

任务 2　医学专业信息化（根据不同专业进行选修）

一、护理

培养目标：培养适应现代卫生事业发展需要，具有护理人文素养和良好沟通能力，具有以人的健康为中心的现代护理理念、敬业精神和团队协作精神，熟练掌握基本护理操作技能，能在各级各类医疗卫生服务机构从事护理、预防、保健、康复、母婴护理、健康指导等基础性护理工作的技能型中等护理专业人才。

就业方向：临床护士、临床护理、养老护理、保健护理。

我校专业设施：

我校护理专业开办于 1905 年的北京看护学堂，在陇南 1971 年首届招生，我校护理专业是唯一伴随学校 110 多年发展过程的专业，也见证了护理专业在我国的创办发展过程，是国家级示范专业，护理实训中心有 100 座位护理实训示范教室 4 个，基础护理实训室 4 个，外科护理实训室（模拟手术室）2 个，内科护理实训室 2 个，ICU 实训室 2 个，无菌技术实训室 2 个，模拟静脉穿刺实训室 1 个、数字化心肺复苏实训室 1 个，数字化体格检查诊断实训室 1 个，心电图实训室 1 个，模拟护士站 1 个，模拟病房 15 间，如图 3-2-1 所示。总面积 3 500 平方米，能满足护理及相关专业学生实训。

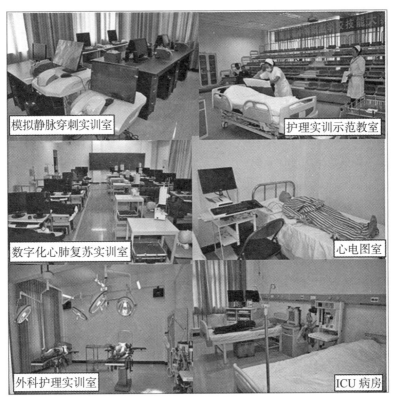

图 3-2-1　护理专业

二、影像

培养目标：培养具备基础医学、临床医学的基本理论知识、较丰富的医学影像学理论知识和熟练的操作技能，能在医疗卫生和相关机构从事医学影像诊断、介入放射诊疗和医学成像技术等方面工作的应用型高级医学专门人才。

就业方向：培养从事医学影像学诊断与介入治疗的临床医师。

我校专业设施：

我校影像专业开办于 2017 年，实训中心设备有高档多功能四维彩超，数字化动态 X 光机，以及配套的多媒体设备，胶片打印机、读片机等，基本满足影像及相关专业学生实训要求，如图 3-2-2 所示。

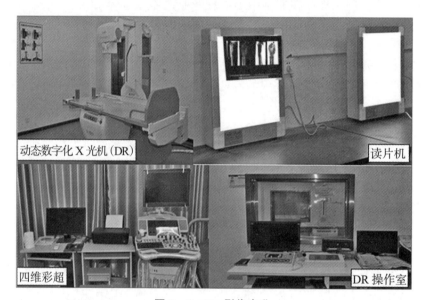

图 3-2-2　影像专业

三、助产

培养目标：本专业培养面向各级医院、妇幼保健机构、社区卫生机构、计划生育指导机构等，从事临床助产、护理、母婴保健、计划生育指导等工作，德智体美劳全面发展，热爱助产专业，崇尚"以母婴健康为中心"的现代助产理念，掌握助产专业岗位所需要的基本理论、基本知识和基本技能，具有良好创新意识、人文素养、法律意识、合作精神和可持续发展能力的高素质技术技能型助产人才。

就业方向：本专业毕业生可在各级医院、妇幼保健院、教学单位从事临床助产、围产期保健及护理、教学工作。各级医院的妇产科、社区卫生服务中心及妇幼保健机构的助产岗位。

我校专业设施：

助产（aids to delivery）指的是为使胎儿顺利娩出母体产道，于产前和产时采取的一系列措施，主要包括照顾好产妇，认真观察产程，并指导其正确配合产程进展以及接生（接产）。

我校助产专业由开办于 1984 年的妇幼医士调整而来，先调整为妇幼保健专业，后调整为现在的助产专业。助产专业实训中心有：产科、妇科实训室、儿科实训室、输液实训室、数字化心肺复苏实训室、数字化模拟诊断、护理技术实训室，可满足助产、护理及相关专业实训要求，如图 3-2-3 所示。

图 3-2-3 助产专业

（1）儿科实训室：配备有新生儿综合护理仿真模拟人，高级新生儿气管插管模拟人，蓝光照射治疗仪，早产儿保温箱、新生儿急救箱、身高、体重测量仪。

主要实训项目：新生儿身高、体重测量、生命体征测量、蓝光照射技术、新生儿吸痰、气管插管技术等。

（2）妇产实训室：模型是为临床实习过程学习技术而设计，它可以让初学者学习妇产科相关的解剖知识，练习与妇科相关的知识，如扩宫、刮宫、导尿等相关操作，有助于教师在课堂上示教讲解使用。

（3）心肺复苏实训室：心搏骤停一旦发生，如得不到即刻及时地抢救复苏，4～6min 后会造成患者脑和其他人体重要器官组织的不可逆的损害，因此心搏骤停后的心肺复苏（cardiopulmonary resuscitation，CPR）必须在现场立即进行。

使用真人模拟时，真人毕竟无法模拟到伤病者的实际效果。心肺复苏模型能模拟到各种伤病状况，使培训者在操作时能够及时获得信息，知道自己的操作是否正确。心肺复苏模拟人的语音反馈信息，以帮助培训者了解到自己操作哪些方面有问题。

四、中药、药剂

1. 中药

培养目标：本专业培养德、智、体、美、劳全面发展，具有中药专业所具备的实践操作技能和相关理论知识的技术应用型人才，毕业能从事中药的生产、经营企业所需的生产、营销、质量控制等工作。

就业方向：本专业毕业生可在药企、医药公司、药店、医院、医疗保健等机构，从事中药生产加工、流通、销售等技术性工作。

我校中药专业开办于1985年，实训中心如图3-2-4所示。

图3-2-4　中药、药剂专业实训中心

2. 药剂

培养目标：本专业培养德、智、体、美、劳全面发展，具有中药专业所具备的实践操作技能和相关理论知识的技术应用型人才，毕业能从事中药的生产、经营企业所需的生产、营销、质量控制等工作。

就业方向：中药检验、中药研究、中药新药开发、医药院校、药厂、医院、医药公司等方面的技术工作。

药剂专业开办于2007年，中药药剂专业实训中心有模拟药房2个。中药制剂实训室2个，药物分析实训室2个。药物鉴定实训室1个，数字化显微镜室1个，600平方米中药标本室1个。能满足中药药剂专业学生实训。

五、检验

培养目标：本专业培养具有基础医学、临床医学、医学检验等方面的基本理论知识和基本能力，能在各级医院、血站及防疫等部门从事医学检验及医学类实验室工作的医学高级专门人才。学生应掌握基础医学、临床医学、医学检验、实验诊断等方面的基本理论知识和实验操作能力，同时比较全面地掌握自然科学和人文社会科学知识。毕业后能够从事临床各科医学检验、医学检验教学与科研工作。

就业方向：毕业后主要从事临床医学检验、食品检验、卫生检验、动植物检验、医学教育和科研工作。

我校专业设施：

我校检验专业开办于2016年，检验专业实训中心有临床检验实训室2个。生化检验实训室 1 个，微生物寄生虫检验实训室 1 个。有配套的化学实验室、显微镜室等，能满足检验专业学生实训，如图 3-2-5 所示。

图 3-2-5　检验专业

（1）生化分析仪，如图 3-3-6 所示。

生化分析仪（HF）用于检测、分析生命化学物质的仪器，给临床上对疾病的诊断、治疗和预后及健康状态提供信息依据。

生化分析仪又常被称为生化仪，是采用光电比色原理来测量体液中某种特定化学成分的仪器。由于其测量速度快、准确性高、消耗试剂量小，现已在各级医院、防疫站、计划生育服务站得到广泛使用。配合使用可大大提高常规生化检验的效率及收益。

第一代：分光光度计

利用紫外光、可见光、红外光和激光灯测定物质的吸收光谱，利用此吸收光谱对物质进行定性定量分析和物质结构分析的方法，称为分光光度法或分光光度技术，使用的仪器称为人分光光度计。

第二代：半自动生化分析仪

半自动分析仪指在分析过程中的部分操作（如加样、保温、吸入比色、结果记录等某一步骤）需要手工完成，而另一部分操作则可由仪器自动完成。这类仪器的特点是体积小，结构简单，灵活性大，既可分开单独使用，又可与其他仪器配合使用，价格便宜。

如图 3-2-6 半自动生化分析仪所示。

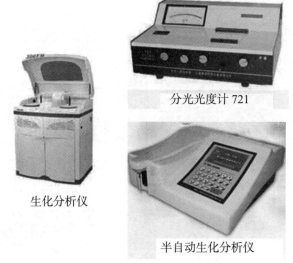

分光光度计 721

生化分析仪

半自动生化分析仪

图 3-2-6　生化分析仪

第三代：全自动分析仪

全自动生化分析仪，从加样至出结果的全过程完全由仪器自动完成。操作者只需把样品放在分析仪的特定位置上，选用程序开动仪器即可等取检验报告。

自美国 Technicon 公司于 1957 年成功生产世界上第一台全自动生化分析仪后，各种型号和功能不同的全自动生化分析仪不断涌现，为医院临床生化检验的自动化迈出了十分重要的一步。自 50 年代 skeggs 首次介绍一种临床生化分析仪的原理以来，随着科学技术尤其是医学科学的发展，各种生化自动分析仪和诊断试剂均有了很大发展，根据仪器的结构原理不同，可分为：连续流动式（管道式）、分立式、分离式和干片式四类。

（2）全自动化学发光免疫分析仪，如图 3-2-7 所示。

免疫分析经历了放射免疫检验、荧光免疫检验、酶标免疫检验等不同时期，全自动化学发光免疫检验是免疫分析发展的一个新阶段，它环保、快速、准确的特点已得到人们的普遍认识。因此全自动化学发光免疫分析是通往免疫检验完美境界的必经之路。

化学发光免疫分析仪是通过检测患者血清从而对人体进行免疫分析的医学检验仪器。将定量的患者血清和辣根过氧化物（HRP）加入固相包被有抗体的白色不透明微孔板中，血清中的待测分子与辣根过氧化物酶的结合物和固相载体上的抗体特异性结合。分离洗涤未反应的游离成分。然后，加入鲁米诺 Luminol 发光底液，利用化学反应释放的自由能激发中间体，从基态回到激发态，能量以光子的形式释放。此时，将微孔板置入分析仪内，通过仪器内部的三维传动系统，依次由光子计数器读出各孔的光子数。样品中的待测分子浓度根据标准品建立的数学模型进行定量分析。最后，打印数据报告，以辅助临床诊断。

（3）全自动尿液分析系统，如图 3-2-8 所示。

专业人员使用的体外诊断医疗设备，可对尿液中有形成分进行定量和定性计数。

图 3 - 2 - 7 全自动化学发光免疫分析仪

图 3 - 2 - 8 全自动尿液分析系统

六、口腔

培养目标：

培养掌握基础医学、口腔医学的基本理论和专业技能，从事口腔常见病、多发病诊治和预防保健的助理口腔医师。

就业方向：

各级各类卫生与健康单位的护理及相关岗位，可应聘口腔医院及诊所等单位。

我校教学设施：

我校口腔专业开办于 2007 年，口腔专业实训中心有口腔技工实训室 2 个，口腔义齿制作实训室 1 个，数字化口腔头模教学实训室 1 个，口腔临床实训室 1 个，能满足口腔专业学生实训，如图 3 - 2 - 9 所示。

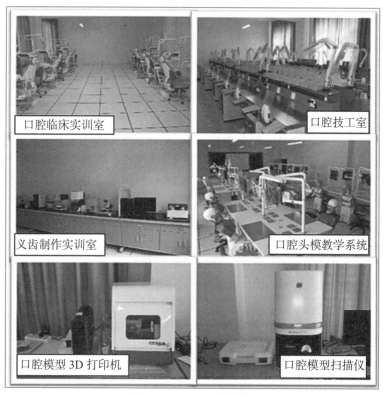

图 3 - 2 - 9 口腔专业

（1）口腔模型扫描仪。

一种牙齿扫描及正畸、医学整形专用三维扫描仪。一般牙科用三维扫描仪精确度比较高。又分为激光三维扫描仪和光学三维扫描仪等。另外，牙科三维扫描仪一般都带有一套专业的牙科 CAD/CAM。

3shape 数字化口扫是世界先进的口内数字印模系统。它运用超快光学切割技术和共焦显微技术，每秒可以捕捉超过 3 000 幅二维图像。通过结合三维数字图像，实时创建出三维印模。既能满足即刻修复，又能进行远程加工制作。3shape 数字化口扫主要用于口腔疾病、牙科等的小型高精度扫描。它与传统口内检测方式相比，数字化系统，舒适、精准、高效、逼真，打造口腔数字化精准时代；与种植科、正畸科、修复科巧妙结合，告别传统取模时代。

（2）口腔模型 3D 打印机。

许多牙科诊所或实验室都有利用 3D 打印机来制造患者牙齿模型。制作模型需要的三维数据可以通过直接扫描口腔来收集（扫描整个口腔大约需要 2 分钟），或者通过间接扫描传统的物理模型的方式来收集。牙科 3D 模型可以用作模具，并使用传统方法辅助生产牙冠、假牙等。

七、中医康复

培养目标：本专业培养目标主要为各级医疗单位、养生保健企业、美容企业等、培养能较熟练运用中医药、中医康复、保健按摩、足部按摩和中医美容等知识和技能，从事中医康复治疗、保健按摩、足部按摩、中医刮痧、中医养生指导和中医美容等工作的技能型人才。

就业方向：本专业毕业生主要面向于各级医疗单位、养生保健企业、美容企业、各级医院康复科、康复保健中心、社区康复保健机构，从事中医康复、保健工作。

1. 简介

中医康复学是在中医学理论指导下，研究康复医学基本理论、医疗方法及其应用的一门学科。

具体地说，它是一门以中医基础理论为指导，综合地运用调摄情志、娱乐、传统体育、沐浴、饮食、针灸推拿、药物等各种方法，对病残、伤残、老年病、慢性病等功能障碍患者进行辩证康复的综合应用学科，其目标在于使患者机体生理、心理功能上的缺陷得以改善和恢复，帮助他们最大限度地恢复生活和劳动能力，使病残患者能够充分参与社会生活，同健康人一起共同分享社会和经济发展的成果。

2. 康复信息化

康复信息化系统打通了 HIS 系统，建设了收费接口。治疗师不再需要进行手动计费，在系统上能完成费用登记工作，并且还能根据执行情况对费用进行统计。

在上线移动 App 以后，治疗师也不再需要使用 Word 文档来编辑评定量表和报告，他们可以拿着 iPad 进行评估工作，评估时可以为病人拍摄视频，评估后可以保存在系统中，医生和其他治疗师可以随时调阅记录。

治疗执行时也不一定需要在电脑前操作，治疗师可以直接使用 iPad 或手持终端为病人进行登记及确费，将治疗师从电脑跟前解放出来。

当康复信息化系统上线之后，病人在康复科的所有病历、治疗记录都会在系统内保存，可以随时调阅病人历史就诊的治疗处方、治疗记录、文书记录甚至视频资料。这些可以帮助医生和治疗师更准确地了解患者的病情，做出正确的诊断，提供更好的医疗服务。

3.我校设施

我校于 2016 年开办中医康复专业，有针灸推拿实训室 1 个，形体训练室 2 个，基本满足中医康复专业学生实训，如图 3-2-10 所示。

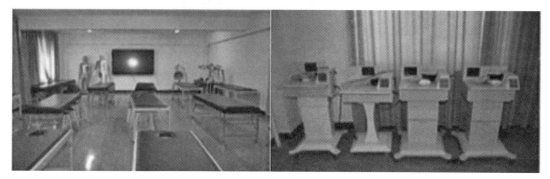

图 3-2-10　针灸推拿实训室、脉象仪

（1）针灸推拿。

仿真训练系统可训练并考核学生对手法操作的准确性及异常情况的判断处理能力；实训室是针灸治疗主体实训室，让学生通过电脑模拟的形式练习对针灸治疗疾病的诊断治疗能力。

（2）脉象仪。

模拟临床中各种脉象，使学生提高对脉象实际认知能力，还可以为广大教师和学生提供一个中医脉象学习、实践和教学测试的平台。脉象训练仪外观大方，底部滑轮方便仪器的移动。仿真手的选材质感柔和，使脉象训练更贴近于临床。全按键选择的设置和友好的操作界面适合教学及训练。

八、公共基础实验中心

用于公共课基础课实验，有解剖实验室 3 个，解剖标本室 1 个，解剖尸体室 1 个，生理实验室 1 个，病理标本写给 1 个，药理实验室 1 个，微寄实验室 1 个，化学实验室 2 个，显微镜室 2 个，能满足各专业公共基础课实验，如图 3-2-11 所示。

病理标本室　　　　　　解剖实验室　　　　　　显微镜室　　　　　　生化实验室

图 3-2-11　公共课基础课实验室

九、网络信息中心

计算机实训中心机房 15 个，有门户网站、数字校园管理平台和网络教学与学习平

台，有 56 座位计算机教室 10 个，数字化语音教室 2 个，智慧教室 1 个，一体机多媒体教室 2 个，录播室 1 个，多功能报告厅 3 个，62 个多媒体教室，多媒体实训室 15 个，满足信息化教学及实训需求及各种人机对话考试，如图 3 - 2 - 12 所示。

网络化计算机教室　　　网络化计算机教室　　　中心机房

图 3 - 2 - 12　网络信息中心

十、生理学实验室

以计算机为中心的信号采集与处理系统在机能学实验中的应用，经过 20 多年的发展已经非常成熟，到今天为止，几乎完全取代了传统的笔试二道记录仪。这台信息化信号采集与处理系统满足信号采集系统信息化、网络化的发展要求，实现无纸化的实验过程，让学生的实验学习再上一个新台阶，如图 3 - 2 - 13 所示。

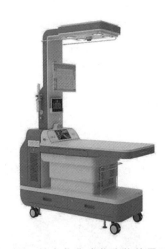

图 3 - 2 - 13　BL-422I 信息化集成化生物信号采集与处理系统

模块 4

医学认证考试

人机对话系统简介

任务 1　人机对话系统概述

人机对话是指计算机将运行情况及时地输出（显示或打印），供操作人员观察和了解；人通过输入装置（如键盘）对计算机输入各种命令或数据，对计算机进行干预和控制的过程。

为了便于人机对话，大多数计算机操作系统都具有这个功能，操作人员通过各种命令与计算机"对话"；一些高级语言也具有很好的"会话"功能，如 BA-SIC 语言就是一种会话型算法语言。人们编制的应用软件，特别是一些通用型应用软件，为了用户使用方便，都设置有会话功能，通过"菜单"或"提示"，由操作人员进行选择，引导如何操作。

人机对话系统是指通过一系列的对话，跟用户进行聊天、回答、完成某一项任务。涉及用户意图理解、通用聊天引擎、问答引擎、对话管理等技术。此外，为了体现上下文相关，要具备多轮对话能力。同时，为了体现个性化，要开发用户画像以及基于用户画像的个性化回复。

一、研究领域

人机对话是当代新兴边缘学科——人工智能的一个重要研究领域。研究如何使计算机能理解和运用人类社会的自然语言如汉语、英语等，实现人机之间的自然语言通信，使计算机能代替人的部分脑力劳动，真正起到延伸人类大脑的作用。这是当前人工智能研究的核心课题。研制第五代计算机的主要目标之一，就是要使计算机具有理解和运用自然语言的功能。

在对话过程中，计算机可能要求回答一些问题，给定某些参数或确定选择项。通过对话，人对计算机的工作给予引导或限定，监督任务的执行。该方式有利于将人的意图、判断和经验，纳入计算机工作过程，增强计算机应用的灵活性，也便于软件编写。

与人机对话相对应的是批处理方式，它用一批作业控制卡，顺序完成逐个作业，在作业执行过程中，没有人的介入和人机对话功能。

二、人机对话的发展阶段

关于人机对话分成三代的观念，最早是由亚略特公司的知名生物识别专家杨若冰提出来的，对"人机对话"一词，不同的机构和人都有不同的理解，我们的定义是：人与智能语伴沟通的方式就是人机对话。这里的机器在一般情况下都是指计算机，但在某些特殊情况下也可以指具有一定计算机特征的终端设备，如智能手机、PDA 等。第一代人机对话指的是字符命令时代，即以 DOS 和 UNIX 为代表的字符操作时代；第二代指的是苹果 OS 和微软 Windows 操作系统出现后的图形操作时代。

第一代人机对话时代，人机交流使用的语言全部是经过定义并有数量限制，由字符集组成的被双方牢记的密码式语言，在此体系外的人基本上不了解语言含义。

第二代人机对话时代，采用的是接近人类自然思维的"所见即所得"的图形式交流方式，可以说在交流的内容上已经非常接近人类的自然交流习惯（以类似人类书写形式的视觉交流为主），但其交流方式仍主要是通过按键（键盘、鼠标等）实现，而不是按照人类本来的交流方式进行。

第三代人机对话完全与第一、第二代人机对话方式不同，人机交流的内容主要是人习惯的自然交流语言，交流方式也是人习惯的自然语言交流方式（包括智能语伴、语音和手写等，甚至包括人的表情、手势、步态等）。

三、人机对话系统发展历程

第一阶段：2011 年 10 月，在 iphone 手机上装有语音助手 Siri，开启了聊天机器人的大门，启发了用户和市场。Siri 其实是一个面向特定任务的对话系统，对接了很多本地服务（如通讯录、音乐播放等）以及 Web 服务（如订餐、订票和导航等）但当时的 Siri 主要是娱乐性的，听得见但听不懂，没有实用性。

第二阶段：2014 年 5 月，微软做了一款聊天机器人——微软小冰，主要用于闲聊。是一个基于搜索的回复检索系统，通过各种基于深度学习的语义匹配算法，从海量的问答对语料中返回最佳回复。

第三阶段：2014 年 11 月，Amazon 推出一款跨时代的智能音响产品 Echo，Echo 是一款专注于任务型的机器人，即专注于在特定场景做一些具体的事。正因为 Echo 在国外非常火，国内的巨头也纷纷进行了部署，也就迎来了人机对话的第四阶段。

第四阶段：2017 年天猫精灵发布，2018 年 3 月小度（带屏）发布，2018 年 4 月 14 日腾讯叮当发布。这些产品的特色是集合了闲聊、娱乐、技能 / 任务的功能，提升了用户体验。

四、对话系统产品形态和应用场景（见图 4 - 1 - 1）

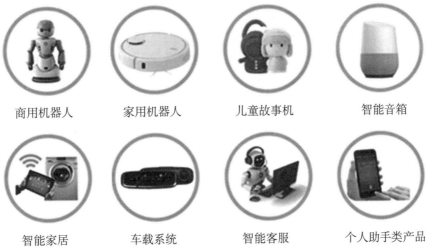

| 商用机器人 | 家用机器人 | 儿童故事机 | 智能音箱 |
| 智能家居 | 车载系统 | 智能客服 | 个人助手类产品 |

图 4 - 1 - 1　对话系统产品形态和应用场景

任务 2　人机对话考试概述

人机对话考试是借助计算机及网络技术，根据考试设计的需求，有针对性地进行命题、组卷、考试，并实现考试结果计算机自动评判或人工辅助评判的考试评价实践过程。

一、进行人机对话考试的好处

借助计算机及网络技术，在资格考试试题中出现大量跟实际工作有关的图片、视频，让考生更直观地看到接近临床实的问题场景，更直接地考查考生实际工作能力；试卷的每个部分之间不能回退，有效地防范作弊行为，确保了考试的公平；通过计算机界面让所有试题作答情况、时间进度一目了然，提供计算器等助设备，杜绝了填错答题卡、漏行错行等意外的发生。

二、考试题型、题量

专业实务和实践能力两个科目题型均为选择题，包括 A1、A2 和 A3、A4 型题，总题量为 120 问，每个科目考试时间均为 100 分钟，每个科目之间间隔为 45 分钟，考生在半天参加完这两个科目的考试。

三、考试内容

考试内容见当年考试大纲。人机对话考试与纸笔考试中不同知识模块、不同系统疾病的比例一致，题型比例一致。

四、护士执业资格考试报名流程（以护士执业资格为例）

打开中国卫生人才网，如图 4 - 1 - 2 所示。按照图 4 - 1 - 3 所示流程，打开网上报名入口，如 4-1-4 所示，进行报名。

图 4-1-2 中国卫生人才网

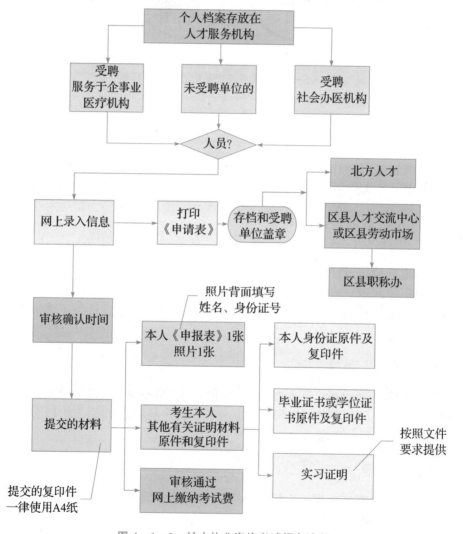

图 4-1-3 护士执业资格考试报名流程

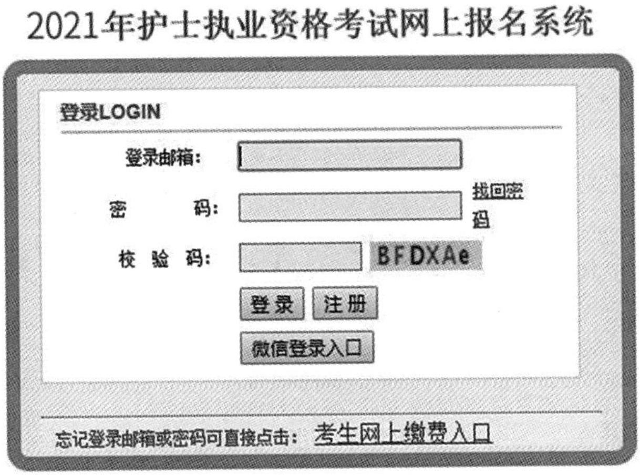

2021年护士执业资格考试网上报名系统

图 4 - 1 - 4　网上报名入口

项目 2

人机对话考试答题技巧

任务 1　考试简介

自 2010 年起全科医学、临床专业，中药学初级（士）、初级（师）、中级以及中医护理学初级（师）、中级各专业"基础知识""相关专业知识""专业知识"和"专业实践能力"4 个科目考试均采用"人机对话"方式进行；其他 51 个专业 4 个科目仍采用纸笔作答方式进行考试。在今后考试中会继续增加机考专业范围。人机对话考试是国内外医学考试发展的方向，是借助计算机及网络技术对考试进行实施、管理的一种测试形式，它可以根据考试设计的需求，有针对性地进行命题、组卷，并完成试题呈现、接受答案、计分、数据分析以及结果解释等一系列环节。

其特点包括：

（1）形象性：人工智能装置、模拟系统的运用使得人机对话考试更加生动、直观；

（2）简易性：通过计算机系统，省略了考生涂卡环节及繁杂的评卷工作，节约了大量的时间和费用；

（3）安全性：可随机组卷，将备选答案顺序打乱，有效地防范作弊行为；

（4）科学性：更及时地检测考试的信度和效度，确保考试数据的准确性，排除人为因素的影响，使考试成绩真实可靠；

（5）经济性：人机对话考试减少了试卷的印刷、运送等过程，可以节省大量的人力、物力。

人机对话考试系统提供的是一种接近"傻瓜式"的操作，在整个考试过程，考生通过简单的键盘和鼠标操作就能完成作答，因此并不需有过多的担心。即便如此，考前熟悉考试系统操作和题型仍然是必要的。人机对话考试的题型与纸笔考试一样，均为客观选择题。人机对话考试的新题型（案例分析题）将主观题客观化，一方面继承了选择题的优点，如高信度和高效度，快速出成绩，更容易做数据分析并提供信息反馈等；另一方面，案例分析题着重考查考生综合应用知识的能力，通过计算机实现作答的不可逆性，更接近现实临床情景。人机对话考试突破了传统考试方法表达试题形式的限制，它利用声音、录像、图形等多媒体形式，真正做到视觉和听觉相结合，文字和画面相结合，借助典型病例和各种生动的画面（如典型体征、X线检查、心电图、超声心动图等）营造接近临床实际的环境，通过计算机显示，考生边观察、边分析、边判断、边回答问题，能较全面、真实地反映考生解决临床问题的能力和水平。

人机对话的考试方式还可以准确地控制考试时间，设定的时间一旦用尽后，计算机将自动收卷，任何考生无法继续作答，确保了考试时间对所有考生的公平性。在人机对话考试整个过程中，计算机屏幕下方会显示答题进度和考试剩余时间，方便考生控制答题速度和掌握时间。对于参加考试的卫生专业技术人员而言，除掌握专业知识和专业实践能力外，还应掌握计算机的基本操作，熟悉人机对话考试形式、题型和特点，方能取得好成绩。

任务2　考试操作及答题技巧

一、了解考试屏幕显示内容

摘要显示部分：摘要显示位于屏幕上部，一般用于显示所考案例描述性文字，如同临床医学题型为"病例摘要"，摘要在本案例的提问没有结束之前始终存在，以使随时为考生提供信息。当下一案例题出现时其自动消失。

提示、提问及答题操作部分：该部分位于屏幕中部。提示，主要结合所提的问题，提供一些参考资料，一般反映病情变化或辅助检查的结果。提问，即需考生回答的问题，通常有6～12个备选答案，考生根据所提供的备选答案直接作答。

图片显示：图片可以是医学影像、心电图、脑电图、病理切片及实物图片等。作为答题的参考资料，当屏幕右下方提示可调用图片时，用鼠标点击或按相关键即换屏显示图片。

计算器的调用：考试过程中，有些试题可能需要进行简单的四则运算，如：单位转换、剂量计算等。这时可以用鼠标点击或按相关键在屏幕上调用"计算器"，其使用方法与普通计算器一样。

操作提示：操作提示部分位于屏幕下部，提示考试剩余时间、题量、当前答题进度，采用两条移动线条的形式，一条表示答题进度（答题进度条），另一条表示时间进度（时间进度条），通过比较两者长短或完成百分率，形象地反映答题与时间使用的情况，在实际考试中注意两线的进展速度，若时间进度条的进展速度快于答题进度条，反映考生的答题速度较慢。

二、注意事项

考试进程的单向性：在进行"专业知识"科目考试时，在某一题型（如"单选题"）的测试过程中，考生是可以随时查看、修改此题型内任何一题的选择答案的，而一旦确认完成作答、进入新的题型时（如结束"单选题"，进入"不定项选择题"），考生将不能退回到前一测试题型（"单选题"）进行查看和修改答案。在进行"专业实践能力"科目考试时，针对每道案例分析题，只有完成前一个问题才能看到下一问题，并且在确定进入下一问题后是无法对前面问题的作答进行查看和修改的（如当确认完成"第1问"，进入"第2问"后，考生无法查看或修改其"第1问"的选择）。因此考生须谨慎、认真作答。考试进程为"只可前进，不可后退"单向操作的原则，主要出于三方面的考虑：一是模拟临床、贴近临床。如医生下了医嘱，护士已执行，就无法更改了；二是因考试进程的单向性，使命题的思路大为拓宽，题间互为关联，一环扣一环，令考生感觉如在现实工作中对患者进行检查、诊断、治疗；三是由于试题提问序贯性的特点，试题后面的提问往往已经明示或暗示出前面提问的答案，因此不允许考生再返回去进行修改。经多年实践证明，考试进程单向性是完全符合卫生专业技能考试特点的。

中断考试：考生考试过程中因特殊原因，征得监考老师同意，可以由监考老师按相关键中断考试。如非机器故障，下一次考试必须使用同一台机器，并只能选择断点续考。

三、答题技巧

答题技巧归纳起来，系列多项多选题具有以下几个特点：

问题系列性：试题围绕着某个病例而逐步引申出与该病例有关的一系列临床问题。如通过一个病例摘要，围绕着"胡言乱语，行为异常 2 小时"的某些问题，从急诊室接诊患者开始，直至诊疗方案，引出了一系列问题，可涉及疾病的临床表现、病史采集、精神状况检查以及病程演变过程中的检查、诊断和处理等。

病例真实性：试题是以实际的临床病例为基础，通过适当"加工"而成的。

四、试题内容

试题的内容常见以下 9 个方面的内容：

（1）与本专业相关的医学基础理论，如解剖学、生理学、生物化学、病理学和免疫学等。试题中出现的形式可能是纯理论问题，也可能是把理论贯穿在临床实际问题之中。

（2）本专业的临床理论、知识等。

（3）常见检查结果。

（4）常用检查结果的分析，主要是临床检验、生物化学、免疫、细菌、病理等检查。

（5）常见图像资料，主要是 X 线平片、X 线造影片、心电图、超声波、CT、MRI、核素检查等。

（6）本专业常见病的诊断、治疗和急危重症的处理方法等。

（7）本专业常用药物的临床药理及使用方法，试题中出现的形式可能是直接提问有关药理的问题，或是通过如何选择药物来测量考生的临床药理知识。

（8）常见手术的适应证、禁忌证、术前准备、术后处理和术后常见并发症的相关知识。

（9）常见相关专业的临床问题。

五、评分原则

选对全部正确选项给满分；选对部分正确选项给一部分分数；选了错误的选项扣分，直至将本小题扣至零分为止；选了无效答案既不给分，也不扣分。评分由计算机自动进行。